Frieder Sauer

Bienen, Wespen und Verwandte

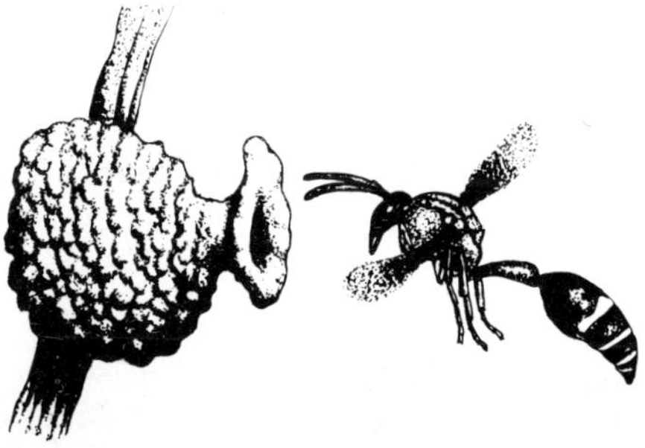

Fauna-Verlag
Dr. Frieder Sauer
Eichenweg 8
8047 Karlsfeld Tel. 08131 93055

1985

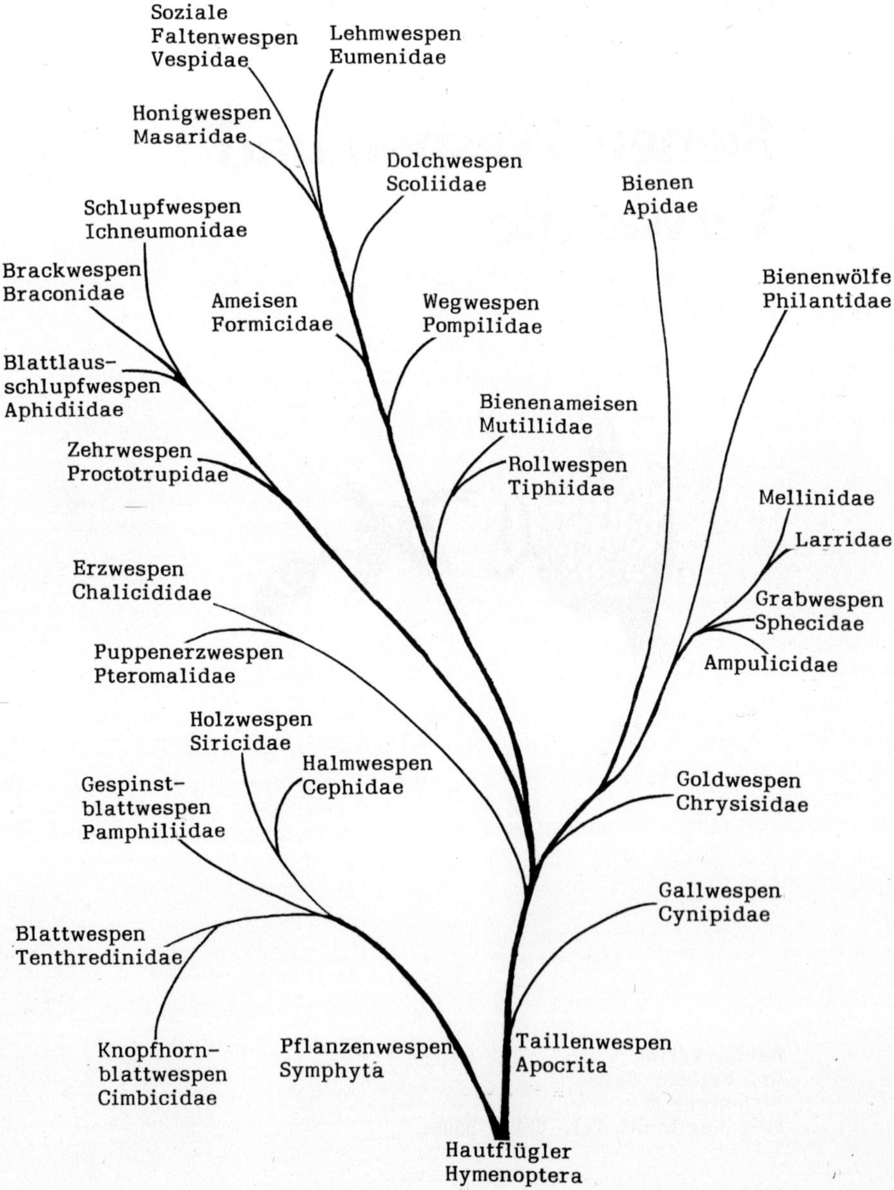

Soziale
Faltenwespen
Vespidae
Lehmwespen
Eumenidae
Honigwespen
Masaridae
Dolchwespen
Scoliidae
Bienen
Apidae
Schlupfwespen
Ichneumonidae
Brackwespen
Braconidae
Ameisen
Formicidae
Wegwespen
Pompilidae
Bienenwölfe
Philantidae
Blattlaus-
schlupfwespen
Aphidiidae
Bienenameisen
Mutillidae
Zehrwespen
Proctotrupidae
Rollwespen
Tiphiidae
Mellinidae
Larridae
Erzwespen
Chalicididae
Grabwespen
Sphecidae
Puppenerzwespen
Pteromalidae
Ampulicidae
Holzwespen
Siricidae
Halmwespen
Cephidae
Gespinst-
blattwespen
Pamphiliidae
Goldwespen
Chrysisidae
Gallwespen
Cynipidae
Blattwespen
Tenthredinidae
Knopfhorn-
blattwespen
Cimbicidae
Pflanzenwespen
Symphyta
Taillenwespen
Apocrita
Hautflügler
Hymenoptera

Die Hautflügler (das ist nichts anderes als die wörtliche Übersetzung des aus altgriechischen Worten gebildeten Begriffs Hymenopteren) sind mit rund 10 000 Arten in Deutschland die artenreichste Insektenordnung, gefolgt von den Käfern mit rund 7000, den Zweiflüglern mit 6000 und den Schmetterlingen mit 3000 Arten, und wie in allen diesen Gruppen sind die kleinen bis winzigen Arten bei weitem in der Überzahl.

Die Hautflügler stellen etwa ein Viertel aller heimischen Tierarten. Sie sind fast allgegenwärtig. Die große Artenzahl ist einmal ein Zeichen dafür, daß es sich um ein blühendes, vielleicht sogar noch im Aufblühen befindliches Geschlecht handelt, aber sie ist auch ein Zeichen für eine weitgehende Spezialisierung der einzelnen Arten auf ganz spezielle Lebensräume im weitesten Sinne oder "ökologische Nischen": Etwa 80 % der Arten entwickeln sich als Parasiten in anderen Insekten und bedürfen spezieller angeborener Strategien, um ihre "Wirte" aufzuspüren und zu infizieren. Sie müssen, um nur ein Beispiel zu nennen, auf den Jahresrhythmus ihrer Wirte eingestellt sein.

Viele Hautflügler treiben die raffiniertesten Formen der Brutfürsorge, das heißt, daß sie die Eiablage sorgfältig vorbereiten und abschließen, andere gehen noch weiter und treiben Brutpflege, indem sie weiter für ihre Nachkommen sorgen, wenn die Larven geschlüpft sind. Die Hautflügler haben seit jeher interessierte Beobachter gefunden. Eines der ersten Bücher über sie erschien zur Goethezeit, geschrieben noch in der Gelehrtensprache jener Zeit, in Latein.

Seither sind Tausende von Büchern über sie geschrieben worden, im Durchschnitt mehr als eines pro Monat, und das Tempo hat sich ständig beschleunigt, so daß man heute etwa alle zwei Wochen ein neues Buch über sie erwarten kann.

Weltweit dürften sich heute rund 1000 Wissenschaftler mit Hautflüglern beschäftigen, alle haben sich auf ganz enge Artengruppen spezialisiert, niemand ist mehr in der Lage, das ganze Gebiet zu überblicken. Es gibt auch keine neuere Zusammenfassung der wissenschaftlichen Namen, der ich mich in diesem für Naturfreunde gedachten Bildband hätte anschließen können. Vielmehr mußte ich die Namen aus einer Vielzahl von Büchern zusammenschreiben bis zurück zum ledergebundenen Band aus dem 19. Jahrhundert mit handkolorierten Illustrationen. Daß ich nicht den neuesten Stand der Nomenklatur präsentiere, man möge es mir verzeihen, und man möge mich verbessern.

Ich habe die Bildbeispiele ausgewählt nach der "Auffälligkeit", ein Begriff, in den Schönheit, Größe, Häufigkeit und besondere Verhaltensweisen als Faktoren eingehen. Bei vielen größeren Arten ist die Bestimmung nach dem Foto bis zur Art nicht allzu schwer, aber die große Mehrheit der Arten ist unscheinbar, und die Unterschiede zu den nächsten Verwandten beschränken sich auf mikroskopische Details; ein paar Haare mehr oder weniger können schon das auffälligste Unterscheidungsmerkmal sein. Ohne Mikroskop ist dann nichts zu machen. In solchen Fällen habe ich teils die Artmerkmale, die im Bild nicht zu sehen sind, im Text angegeben, oder ich habe mich auf die Bestimmung bis zur Gattung beschränkt. In diesem Falle ist es üblich, an den Gattungsnamen die Abkürzung sp. anzuhängen. Das kann man lesen als "eine Art der Gattung ...".

Auf den folgenden Seiten sollen einige größere, auch im Felde leicht kenntliche Untergruppen der Hautflügler vorgestellt werden. Bei den meisten Insekten sind die Familien jene Gruppen, in die man die meisten Funde nach einiger Übung "auf den ersten Blick" einordnen kann. Es ist etwa nicht schwierig, einen Käfer in eine Familie wie die Laufkäfer, Bockkäfer oder Rüsselkäfer einzuordnen oder einen Schmetterling zu den Eulen, den Schwärmern oder den Spannern zu ordnen. Bei den Hautflüglern ist das nur bei einem Teil der Familien möglich. Andere sind nicht so leicht zu erkennen. Trotzdem halte ich hier an den Familien als wichtigsten Untergruppen fest. Zunächst aber seien die Merkmale der ganzen Ordnung vorgestellt.

Ordnung Hautflügler (Hymenoptera)

Hautflügler haben gewöhnlich 2 Paar kaum oder gar nicht behaarter Flügel, von denen das vordere bedeutend größer ist als das hintere. Die Flügel werden in der Ruhe nach hinten geschlagen und flach über dem Rücken getragen und in einigen Gruppen der Länge nach zusammengefaltet. Beim Fliegen hängen sich die Hinterflügel mit einer Häkchenreihe in eine Falte am Hinterrand der Vorderflügel ein. Die Flügel können auch fehlen, etwa bei den Arbeiterinnen der Ameisen und bei den Weibchen mancher Gallwespen und Schlupfwespen.

Die kleinsten Hautflügler sind etwa 0,1 mm lang und damit die kleinsten aller Insekten, kleiner als viele Einzeller. Die größten sind bis 50 mm lang. Das ist etwa ein Größenverhältnis wie zwischen einer neugeborenen Maus und einem Elefanten.

Der Kopf ist stets gegen den Körper abgeschnürt und recht beweglich. Die Mundteile weisen meist nach unten, die Stirn ist gewöhnlich steil. Die Oberkiefer sind zangenförmig und zum Beißen geeignet, bei den räuberischen Arten dienen sie zum Zerlegen der Beute und zur Selbstverteidigung. Die Komplexaugen sind oft nierenförmig, bei vielen Arten finden sich auf der Stirn noch 3 Punktaugen, deren Stellung zueinander zuweilen beim Bestimmen hilfreich ist. Die Weibchen besitzen am Hinterleib einen Stachel, der bei der Eiablage in Funktion tritt und oft auch als Wehrstachel der Verteidigung dient, oder eine Legesäge.

Hautflügler legen Eier, aus denen maden- oder raupenförmige Larven schlüpfen, die aber stets eine ausgebildete Kopfkapsel mit zangenförmigen, beißenden Mandibeln tragen. Die Verwandlung ist vollkommen, das heißt, daß sich die Larve in eine unbewegliche Puppe verwandelt. Die Puppen der Hautflügler haben meist freistehende Gliedmaßen und sind von großer Schönheit und Zartheit. Oft überwintert die verpuppungsreife Larve, während die Puppenruhe nur wenige Wochen dauert.

Die im folgenden beschriebenen Familien haben alle Merkmale der Ordnung, darüber hinaus aber auch eigene, familientypische Merkmale.

Unterordnung Pflanzenwespen (Symphyta)

750 Arten in Mitteleuropa. Bei den Pflanzenwespen fehlt die "Wespentaille", der Körper ist walzen- oder tonnenförmig und höchstens spärlich behaart. Die Augen sind oval. Die Weibchen sind kenntlich an einem Legeapparat, der vor allem aus zwei Sägeblättern besteht, deren Zähnung oft zur Artbestimmung benützt wird. In der Ruhe wird der Legeapparat oft in den Hinterleib zurückgezogen. Giftdrüsen sind nicht vorhanden. Die meisten Arten fliegen im Mai und Juni, manche sind Blütenbesucher oder Räuber, andere nehmen als erwachsene Tiere keine Nahrung zu sich. Die Tiere sind eher träge und fliegen nur ungern und langsam. Da ihre Füße zwischen den Krallen Haftballen tragen, können sie auch auf den glattesten Flächen sicher laufen.

Die Larven fressen Pflanzenteile. Gewöhnlich überwintert die verpuppungsreife Larve in einem tönnchenförmigen Kokon in der Erde. Ihren Verbreitungsschwerpunkt haben die Pflanzenwespen in der gemäßigten bis kühlen Zone bis nördlich der Waldgrenze, in den Tropen sind sie selten an Arten und Individuen. Die Pflanzenwespen werden in eine Reihe von Familien unterteilt, von denen wir hier die wichtigsten beschreiben. Die wissenschaftlichen Namen der Familien enden übereinkunfts- und traditionsgemäß auf "...idae".

Familie Gespinstblattwespen (Pamphiliidae)

Die erwachsenen Gespinstblattwespen sind kurzlebig und fallen nur wenig auf. Sie sind kenntlich an ihrem breiten, gedrungenen Hinterleib mit scharfen Seitenkanten. Die Fühler sind borstenförmig, fast körperlang und bestehen aus 14 bis 36 Gliedern, der Kopf ist breit.

Die Larven haben keine Bauchfüße, aber auffallend lange, achtgliedrige Fühler und am Hinterleibsende mehrgliedrige Fortsätze, die Cerci. Die Larven leben meist gesellig in Gespinsten an Laub- und Nadelbäumen. Obwohl sie keine Bauchfüße haben, klettern sie recht geschickt, indem sie an den Zweigen Gespinstmaschen befestigen, in denen sie sich weiterschieben. Zur Verpuppung bohren sie sich in die Erde, wo die Larve oft mehrere Jahre liegt, bis sie sich im Frühjahr verpuppt.

Familie Holzwespen (Siricidae)

Zu dieser artenarmen Familie gehören die größten Pflanzenwespen. Der Körper ist schlank walzenförmig, und die Weibchen tragen einen langen, kräftigen Legebohrer, mit dem sie ihre Eier (bis zu 1000) in das Holz meist kränkelnder oder sterbender Bäume versenken.

In den Bohrgängen der Larven leben meist Pilze, die bei der Eiablage vom Weibchen in den Stichkanal gebracht wurden. Wahrscheinlich bedürfen die Larven dieser Pilze als "chemischer Sklaven" zur Holzverdauung. In ihren Bohrgängen pressen die Larven das Holzgenagsel hinter sich fest zusammen, wobei ihnen ein Dorn am Hinterleibsende dienlich ist. Die Larven brauchen zu ihrer Entwicklung mehrere Jahre, fressen tief in das Holz und wenden sich dann wieder der Oberfläche zu. Sie verpuppen sich einige cm tief im Holz.

Familie Halmwespen (Cephidae)
Die in Mitteleuropa mit rund 25 Arten nur wenig vertretene Familie enthält schlanke, mittelgroße Wespen mit seitlich zusammengedrücktem Hinterleib, aus dem der Legebohrer nur wenig hervorragt. Die Larven besitzen keine Bauchfüße, und auch die Brustbeine sind zu Stummeln reduziert. Die Larven leben im Inneren von Pflanzen. Häufig und zuweilen schädlich am Getreide ist die Getreidehalmwespe.

Familie Knopfhornwespen (Cimbicidae)
Gedrungene, zum Teil über 2 cm lange Wespen mit kurzen, keulig endenden Fühlern. Hinterleib oberseits leicht gewölbt und an den Seiten in eine Schneide auslaufend. Frühjahrs- und Frühsommerflieger. Die Larven besitzen 8 Paar Bauchfüße und sind überwiegend nachtaktiv. Beim Fressen reiten sie auf der Blattkante, in der Ruhe rollen sie sich zusammen. Auf eine Reizung hin verspritzen sie ihr Blut aus dafür vorgesehenen Öffnungen über den Stigmen. Es schmeckt gewürzig und dient wohl der Verteidigung, jedenfalls werden die bis 45 mm langen und teilweise sehr bunten Raupen von Vögeln verschmäht. Die Larven sind oligophag, das heißt an eine Gruppe von verwandten Futterpflanzen gebunden. Sie verpuppen sich in einem meist sehr festen Kokon im Erdboden oder in Rindenritzen. Oft verpuppt sich die Larve erst nach einem Ruhejahr, was zumindest den Vorteil hat, daß die Population auch dann nicht zusammenbricht, wenn durch widrige Umstände eine ganze Generation zugrunde geht. Zum Schlüpfen schneidet die Wespe einen glattrandigen Deckel von ihrem Kokon. 45 Arten in Mitteleuropa.

Familie Blattwespen (Tenthredinidae)
Mit 800 Arten in Mitteleuropa reichlich und mit oft häufigen und bunten Arten vertreten. Die Familie wird durch Besonderheiten im Flügelgeäder abgegrenzt, ferner durch die Form der Brustschilder und durch 2 Dornen am äußeren Ende der Tibien (Unterschenkel) der Vorderbeine. Ihre Fühler haben wenigstens 9 Glieder. Die Legesäge der Weibchen ist in Ruhe im Hinterleib verborgen.
Die Weibchen schneiden damit Taschen in die Blätter der Futterpflanzen und füllen sie mit ihren Eiern.
Die Larven besitzen 7 oder 8 Bauchfußpaare, davor liegt ein fußloser Ring und davor drei Ringe mit gegliederten Brustbeinpaaren. Die Bauchbeine tragen im Unterschied zu den Bauchbeinen der Schmetterlingsraupen keine Kletterhaken. Die hochgewölbte Kopfkapsel trägt zwei schwarze Punktaugen. Die Larven (Afterraupen) fressen meist gesellig und recht wirtspezifisch an Laub oder Kräutern. Besonders viele Arten leben an Weide, viele auch an Birke, Erle, Rose und Pappel. Manche der Larven sind recht bunt. Viele reiten gewöhnlich auf der Blattkante und heben bei einer Störung ihren Hinterleib S-förmig in die Höhe und geben ein eigenartig duftendes Sekret von sich. Andere rollen sich gleich zusammen und lassen sich fallen. Einige Arten leben auch im Inneren von Gallen. Zur Verpuppung spinnen sich die meisten Larven einen Kokon, in dem sie aber noch Monate oder gar Jahre ruhen, ehe sie sich verpuppen. Die Puppenruhe ist stets nur kurz, und die fertige Wespe hebt von ihrem Kokon eine sauber genagte Kappe ab.

Unterordnung Apocrita (Taillenwespen)

Der erste Blick auf eine Wespe richtet sich auf die Stelle zwischen Brust und Hinterleib. Findet sich dort eine mehr oder weniger deutliche Einschnürung, so gehört die Wespe zu den Apocrita. Genauer betrachtet, trennt die Einschnürung nicht Brust und Hinterleib, sondern liegt hinter dem ersten Hinterleibsring, der also mit dem Bruststück verwachsen ist. Die Einschnürung gibt dem Hinterleib eine große Beweglichkeit, die meist auch voll genutzt wird, wenn es um die Eiablage oder die Verteidigung geht, denn die Weibchen der Apocrita besitzen einen Stachel und Giftdrüsen. Der Stachel ist ursprünglich ein Legeapparat, wird von manchen Gruppen aber zusätzlich und von anderen ausschließlich als Wehrstachel benützt. Bei den Arbeiterinnen mancher Ameisen und Bienen sind der Stachel und teilweise auch die Giftdrüse verkümmert.

Die Taillenwespen stellen in Mitteleuropa über 90 % der Wespenarten. Sie werden je nach Autor in 29 bis etwa 50 Familien unterteilt. Die Larven sind fuß- und augenlose typische Maden. Sie leben teils als Parasiten in oder an anderen Gliedertieren, teils werden sie von den erwachsenen Weibchen mit Futter versorgt. Ihr Darm endet blind im Körper, und sie geben erst kurz vor der Verpuppung ihre Exkremente von sich, eine Besonderheit, die wohl für das Leben als Parasit von Bedeutung ist.

Die nun vorgestellten Familien gehören alle zu den Taillenwespen.

Familie Gallwespen (Cynipidae)

Der Hinterleib der Gallwespen hat etwa die Form einer hochkant stehenden Linse. Er wird von den Flügeln hinten überragt. Der Stachel entspringt etwa in der Mitte auf der Bauchseite. Die Färbung ist meist schwarz bis braun, die Körperlänge beträgt wenige mm. Die fadenförmigen Fühler bestehen aus 12 bis 16 Gliedern und sind meist geknickt. Die Adern auf den Vorderflügeln bilden nur 4 bis 8 Zellen.

Die Mehrzahl der Gallwespen erzeugt Gallen, das sind Planzenwucherungen, von denen sich die Larven ernähren und in deren Schutz sie sich entwickeln und wo sie auch ihre Puppenruhe verbringen. Die Gallen sind viel auffälliger als die unscheinbaren und trägen Gallwespchen. Allerdings werden nicht alle Gallen von Gallwespen erzeugt. Als Gallbildner kennt man auch Blattläuse, Gallmükken, Milben, Pilze und Bakterien. Die Gallen sind meist so charakteristisch, daß man nach ihnen den Erreger bestimmen kann, meist sogar viel leichter als am fertigen Tier. Darum werden wir im Bildteil vor allem die Gallen vorstellen. Allerdings sind beiweitem nicht alle Tiere, die sich in den Gallen entwickeln, auch deren Erzeuger: Meist kommen vor allem Einmieter und Parasiten zum Vorschein.

Die Gallen entwickeln sich erst, wenn die Larve der Gallwespe geschlüpft ist, als Antwort auf den Reiz durch die Larve. Wir wissen nicht, ob es ein Versuch der Abwehr, etwa einer Einkapselung ist, oder ob die Pflanze von der Gallwespe gezwungen wird, ihr eine

nährende und schützende Hülle zu bilden. Hauptwirt der europäischen Gallwespen ist die Eiche. Sie beherbergt rund 85 % der Arten. Dabei bildet jede Art markant geformte und oft kompliziert aufgebaute Gallen aus.
Viele Gallwespen erzeugen im Laufe des Jahres 2 sehr verschiedene Galltypen, und die daraus schlüpfenden Wespen sehen so verschieden aus, daß sie früher in verschiedene Gattungen gestellt wurden.
Oft wechseln sich eine zweigeschlechtliche Generation und eine eingeschlechtliche, nur aus Weibchen bestehende ab. Von manchen Arten kennt man nur oder fast nur Weibchen, aus deren unbefruchteten Eiern sich wieder nur Weibchen entwickeln.

Familie Schlupfwespen (Ichneumonidae)
Meist mehr als 5 mm lange, schlanke und langbeinige Wespen mit brauner bis schwärzlicher Grundfärbung und oft hellen Marken auf Fühlern, Beinen, Brust und Hinterleibsspitze. Fühler mit mehr als 13 Gliedern. Hinterleib mehr oder weniger gestielt und beim Weibchen mit vorstehendem, borstenförmigem Legestachel. Rund 3000 Arten in Mitteleuropa. Alle entwickeln sich als Parasiten in Insekten oder Spinnen, meist in den Larven, und die hohe Artenzahl kann man als Anpassung an die sehr verschiedenen Wirte verstehen.
Die Ichneumoniden sind eifrige Blütenbesucher, vor allem auf Doldenblüten, sie lecken auch den von Blattläusen verspritzten Honigtau auf. Die Weibchen der sommerreifen Arten sind mit einem Lebensalter um 2 Monate für Insekten recht langlebig, vielfach überwintern auch die erwachsenen Tiere in der Bodenstreu. Meist sieht man die Schlupfwespen lebhaft in der Kraut- und Strauchschicht umherlaufen. Dabei betasten Sie mit vibrierenden Antennen die Umgebung. Die Antennen tragen den extrem feinen Geruchssinn, mit dem die Weibchen Insekten aufspüren, die sie mit ihren Eiern belegen. Meist werden Junglarven angestochen, selten auch Eier oder fertig entwickelte Insekten. Viele Schlupfwespen erkennen auch schon am Geruch, ob ein möglicher Wirt bereits von einem Parasiten besetzt ist oder vor kurzem von einer Schlupfwespe aufgesucht wurde. Dann unterbleibt oft die Eiablage. Gewöhnlich entwickelt sich nur eine Larve pro Wirt. Wurde dieser mehrfach belegt, so kämpfen in seinem Inneren die Larven mit ihren scharfen Kiefern ums Überleben, und es kann vorkommen, daß keine am Leben bleibt. Der Legestachel entspringt etwas vor dem Hinterleibsende an der Bauchseite. Die Ichneumoniden verwenden ihn auch als Wehrstachel, und manche größeren Arten können auch den Menschen empfindlich stechen. Die von der Schlupfwespe angegriffenen Raupen schlagen kräftig, aber nach oft langer Belagerung doch vergeblich um sich. Manche werden beim Stich vorübergehend gelähmt.
Die Larven ernähren sich anfangs vom Blut und Fett der Wirte, die sich weiter normal verhalten und heranwachsen. Erst gegen Ende ihrer Entwicklung fressen die Larven den Wirt völlig aus. Sie sind also nur zu Beginn ihrer Entwicklung richtige Parasiten, die definitionsgemäß ihren Wirt nicht wesentlich schädigen dürfen. Später sind sie eher mit Raubtieren zu vergleichen, die ihre Beute fressen. Dieses Doppelverhalten wird auch als Raubparasitismus bezeichnet.

Bei den meisten Arten verpuppt sich die Larve in der ausgefressenen Hülle des Wirts, zuweilen in einem zusätzlich eingesponnenen Kokon. Fast immer endet der Befall mit dem Tod des Wirtes, nur bei sehr großen Arten hat er eine Überlebenschance. Wenn sich die fertige Schlupfwespe ein Schlupfloch durch die Flügelscheide der Puppe beißt, so kann es passieren, daß ein Falter schlüpft, in dessen Flügeln sich ein rundes Loch zeigt.
Ihre größte Artenzahl entfalten die Ichneumoniden in der Nördlichen Gemäßigten Zone.

Familie Brackwespen (Braconidae)
Meist wenige mm lange, zarte Wespen in braunen bis schwarzen Farben, Fühler meist lang mit mindestens 10, aber auch bis 90 Gliedern. Der Hinterleib ist breiter als hoch. Meist wird die Zugehörigkeit zur Familie an der Flügeladerung erkannt. Die Brackwespen sind träge, unauffällige Wespen, die meist in Raupen, aber auch in Käfern, Wanzen, Schnakenlarven, Blattwespen und Ameisen parasitieren. Oft entwickeln sich zahlreiche Parasiten in einem Wirt, selbst in den Raupen von Kleinschmetterlingen. Die verpuppungsreifen Larven durchsieben den sterbenden Wirt und verpuppen sich in einem Kokon in der Nähe der ausgefressenen Hülle.
Die artenreiche Familie ist besonders in der gemäßigten Zone verbreitet, kommt in den Tropen auch mit einigen prachtvoll bunten Arten vor.

Familie Blattlauschschlupfwespen (Aphidiidae)
Winzige Wespen mit langen, mehr als 13-gliedrigen Fühlern. Zwischen den Segmenten des Hinterleibs, vor allem zwischen dem 2. und 3. Segment von vorne eine dehnbare Membran, so daß der Hinterleib bis unter die Brust nach vorne geschlagen werden kann. Man findet die Wespchen im Sommer in den meisten Blattlauskolonien, wo sie träge zwischen und auf den Blattläusen umherlaufen, sie mit ihren nach unten gekrümmten Antennen betasten und zuweilen wie zur Probe ihren Legestachel ansetzen. Dabei schieben sie den Hinterleib unter dem Körper hindurch nach vorne, so daß sie vor der Blattlaus stehen. In einer Blattlaus kann sich nur eine, meist leuchtend gefärbte Larve entwickeln. Wenn sie sich in der ausgefressenen Hülle verpuppt, so nagt die Wespe ein sauberes, rundes Schlupfloch, während eventuell in dem Parasiten heranwachsende "Hyperparasiten" aus der Verwandtschaft der Gallwespen Schlupflöcher mit zackigen, unsauberen Rändern nagen.

Familie Gichtwespen (Gasteruptionidae)
Eine artenarme und sehr einheitliche Familie mit unverwechselbarer Gestalt. Der Hinterleibsstiel setzt oben an der Hinterbrust an. Etwa 24 Arten in Mitteleuropa. Parasiten vor allem bei solitären Bienen. Meist fliegen die Wespen sehr langsam und mit hängenden Hinterbeinen an Lehmwänden entlang, in denen Bienen brüten, zuweilen trifft man sie auch bei der Nahrungssuche auf Doldenblüten.
Die Larven sitzen auf den Larven von solitären Bienen und saugen sie aus, sie fressen aber auch von den für den Wirt eingetragenen

Pollen- und Honigvorräten.

Familie Erzwespen (Chalcidiae)

Mit ihrem Metallglanz in Grün, Blau oder Gold würden die Erzwespen zu den bekanntesten "Juwelen" unter den Insekten gehören, wären sie nicht nur wenige mm groß. Die kleinsten, meist Blattlausparasiten, sind nur 0,3 mm lang. Die Fühler bestehen aus bis zu 13 Gliedern und sind gekniet, das heißt, sie bestehen aus einem langen Schaft und einer unter einem Winkel angesetzten Geißel. Das Flügelgeäder ist bis auf eine sich gabelnde Ader reduziert. Der Legestachel entspringt kurz vor dem Hinterleibsende auf der Bauchseite und ist je nach Art sehr verschieden lang. Erzwespen sind träge und schwache Flieger. Einmal in der Luft, werden sie vom Winde verweht.

Erzwespen parasitieren in Eiern, Larven und Puppen aus fast allen Insektengruppen sowie an Spinneneiern, einige Arten entwickeln sich auch in Pflanzensamen. Häufig sind in dieser Gruppe Hyperparasiten, die in den Larven anderer parasitischer Wespen schmarotzen. Die Eizahl pro Weibchen kann 1000 erreichen. Zudem zerfallen bei manchen Arten die Eier zu Beginn ihrer Entwicklung in bis zu 2000 Embryonen, so daß sich zahlreiche eineiige Viellinge entwickeln.

Im Sommer entwickeln sich mehrere Generationen in rascher Folge, bei sehr warmen Wetter etwa alle 10 Tage. Darüber hinaus schlüpfen vielfach nur Weibchen, die ohne Befruchtung wiederum nur Weibchen erzeugen, was doppelt so viele Mütter bedeutet. Aus allen diesen Gründen können sich Erzwespen explosionsartig entwickeln, wo ihre Wirte zur Massenentfaltung kamen, und unter ihrem Befall kann die Übervölkerung schlagartig zusammenbrechen.

Die Larven verpuppen sich meist ohne Gespinst in dem ausgefressenen Wirt.

Die Erzwespen im alten Sinne sind in Mitteleuropa mit rund 1000 Arten vertreten. Heute wird die Familie aufgrund winziger Besonderheiten meist in 13 kleine Familien aufgespalten.

Familie Zehrwespen (Proctotrupidae)

Kleine bis winzige Wespen in gelbbraunen bis schwarzen Farben ohne Metallglanz. Fühler mit maximal 15 Gliedern, gekniet oder ungekniet. Der Stachel entspringt in der Spitze des Hinterleibs und wird im Körper verborgen getragen. Die Flügel sind ohne Adern und bei vielen Arten verkümmert. Viele Arten sind Eiparasiten, die Hauptgattung ist Telenomus. Auch die Zehrwespen werden heute meist in zahlreiche kleine Familien aufgespalten.

Familie Goldwespen (Chrysididae)

Rund 60 Arten von 1,5 bis 13 mm in Mitteleuropa. Von den ursprünglich 9 Hinterleibssegmenten der Hymenopteren sind bei den Goldwespen meist nur 3, bei einigen Arten auch 2 oder 4 als spangenförmige Panzerplatten vom Rücken her zu sehen, weitere sind in den Körper zurückgezogen und können bei der Eiablage nach Art einer Autoantenne hervorgestreckt werden. Das hinterste sichtbare Segment ist am Hinterrand mit Vorsprüngen besetzt, die das beste

Bestimmungsmerkmal sind. Der Hinterleib ist auf der Bauchseite ausgehöhlt, so daß sich die Tiere bei Bedrohung zusammenrollen können. Der ganze Körper ist hart gepanzert und mehr oder weniger dicht mit halbkugeligen Einsenkungen übersät (skulptiert).
Meist laufen oder fliegen die Goldwespen niedrig auf Wegen und auf sandigen Böden, sie sind auch eifrige Besucher von Blüten, deren Nektar frei zugänglich ist wie auf Doldenblüten. Weiter besuchen sie Blätter, die mit Blattlaushonig benetzt sind. Hauptflugzeit Mai bis Juli, wenn auch einige Arten als Wespen überwintern und schon im zeitigen Frühling fliegen. Die meisten überwintern als reife Larve. Die wärmeliebenden Tiere sonnen sich gern auf trockenem Holz und auch auf Lehmwänden. Die Goldwespen dringen in die Nester von Grabwespen und Solitärbienen ein und belegen die Zellen mit je einem Ei. Kommt es zum Treffen mit dem Wirt, so werden die Goldwespen meist nicht beachtet, kommt es zum Streit, so rollen sie sich zur Kugel zusammen und sind dann unangreifbar. Die Weibchen verfügen über einen sehr langen Stachel, und die größten Arten können auch die menschliche Haut durchstechen. Einzelne Arten parasitieren auch bei Blattwespen, Schmetterlingen und Käfern. Die Larven sitzen außen an der Wirtslarve und saugen sie aus. Sitzen mehrere Parasiten an einem Wirt, so bekämpfen sie sich mit ihren spitzen Kiefern, bis nur einer überlebt.

Familie Dolchwespen (Scoliidae)
Große bis sehr große, schwarzgelbe Wespen mit langer, borstig abstehender Behaarung. Das äußere Drittel der Flügel ist ungeadert. Zwischen dem ersten und zweiten Hinterleibsring eine tiefe Querfurche.
Die Wespen sind eifrige Blütenbesucher und wühlen sich tief in die Blütenköpfe von Disteln. Die Weibchen orten die Engerlinge von Blatthornkäfern im Boden oder Mulm, graben sich zu ihnen durch und belegen sie mit einem Ei und lähmen sie mit einem Stich. Ihr Stachel ist auch für den Menschen furchterregend.
Etwa ein Dutzend Arten in Südeuropa.

Familie Bienenameisen (Mutillidae)
8 Arten in Mitteleuropa, ein Mehrfaches davon im Mittelmeerraum. Die Männchen sind geflügelt und werden selten gefunden, am ehesten noch auf Doldenblüten, die Weibchen sind flügellos und laufen nach Ameisenart am Boden herum, gewöhnlich an sandigen Orten. Beide Geschlechter sind locker und grob behaart, wobei sie verschieden gefärbt sind und Muster bilden, die zur Bestimmung herangezogen werden, wenn sie auch für die Geschlechter verschieden sind. Die Männchen fliegen während der Paarung mit den anhängenden Weibchen weit umher. Die Weibchen können zirpen, indem sie die Hinterleibsringe ziehharmonikaartig gegeneinander verschieben. Sie besitzen einen sehr langen Stachel und können empfindlich stechen.
Die meisten Arten parasitieren bei Solitärbienen, Grabwespen und Hummeln und graben sich zu deren Nestern durch.

Familie Grabwespen (Sphecidae)

Diese mit rund 260 Arten in Mitteleuropa vertretene Familie wird heute meist in zahlreiche Familien aufgespalten, und wir tun das im Bilderteil ebenfalls. Hier in der Einleitung, wo es auf den Blick auf die Gesamtheit ankommt, fassen wir die Familie aber im herkömmlichen, weiten Sinne auf. Daher bleiben uns nur wenige familientypische Merkmale. Eines betrifft die Gliederung der Brust: Das erste Brustsegment (Pronotum) reicht nicht bis zum Flügelansatz (Tegulae). Der Unterschenkel der 3. Beinpaares ist rund und trägt im Unterschied zu manchen sehr grabwespenähnlichen Bienen einen Putzdorn.

Die Färbung ist oft schwarz-gelb, oft schwarz-rot und manchmal einfarbig schwarz. Grabwespen sind kleinere bis mittelgroße Tiere mit Flugzeiten von Mai bis September, meist aber im Hochsommer.

Familientypisch ist weniger die Gestalt als die hoch entwickelte Brutfürsorge und Brutpflege: Die Weibchen erbeuten, lähmen mit einem Giftstich oder töten eine Beute, vergraben sie und versehen sie mit einem Ei. Einige Arten versorgen ihre Brut bis zur Reife mit frischer Nahrung. Die einzelnen Arten sind auf enge Gruppen von Beutetieren spezialisiert, etwa auf Raupen, Fliegen, Heuschrecken, Zikaden, Schaben, Rüsselkäfer, Prachtkäfer, Ameisen, Bienen und auch Spinnen. Einzelne Arten sind sogar nur auf eine Beuteart spezialisiert, für deren Erwerb ihnen die richtige Strategie angeboren ist.

Gwöhnlich graben die Wespen eine Höhle in den Boden und gehen anschließend auf die Jagd, die meist überraschend schnell erfolgreich ist, wenn der Mensch auch bei tagelangem Suchen kein passendes Beutetier finden kann. Die Beute wird angegriffen und gestochen und ist in Sekundenschnelle gelähmt oder tot. Dann wird sie teils im Flug, teils aber auch am Boden über weite Strecken zum Nest geschleppt und mit einem Ei belegt. Danach wird das Nest sorgfältig verschlossen. Manche Arten brüten auch in morschem Holz, in hohlen Pflanzenstengeln, in Bohrlöchern anderer Insekten, und manche Arten schmuggeln ihre Eier in die Nester von Verwandten. Entsprechend der hoch entwickelten Brutfürsorge kommen die Grabwespen mit ähnlich geringen Eizahlen aus wie unsere Singvögel. Das Gesamtgewicht des eingetragenen Futters ist etwa 3 mal so groß wie das Gewicht der Grabwespe. Die Larven wachsen sehr rasch und spinnen sich schon nach wenigen Tagen zur Verpuppung ein. Meist überwintert die verpuppungsreife Larve.

Die Wespen sind eifrige Blütenbesucher. Manche verbeißen sich zur Übernachtung allabendlich an dem gleichen Pflanzenstengel, wie das auch von einigen Solitärbienen bekannt ist.

Familie Wegwespen (Pompilidae)

Ähnlich manchen Grabwepen, aber das Pronotum reicht bis zu den Tegulae, und das letzte Beinpaar ist so lang, daß das Unterschenkelende den Hinterleib überragt. Die Färbung ist meist schwarz-rot, aber auch rotbraun mit weißen bis weißgelben Flecken oder Binden auf dem Hinterleib. Die Flügel sind meist rauchgrau bis braun.

Vorderbeine der Weibchen mit einem Grabekamm aus meist 6 bis 7

Dornen, Fußklauen gezähnt oder gespalten. Hinterleib der Weibchen mit 6, der Männchen mit 7 Segmenten.
Im Felde erkennt man die Wegwespen meist schon an ihrer Fortbewegung: Eine Mischung aus Laufen und Fliegen mit wippenden Flügeln, sie sind aber auch eifrige Blütenbesucher. Alle Wegwespen tragen Spinnen für ihre Brut ein, die sie mit einem gezielten Stich gelähmt haben. Einige verstehen es sogar, die Radnetzspinnen aus ihrem Netz zu vertreiben und dann in der ihnen fremden Umgebung zu überwältigen. Das Gift wirkt in wenigen Sekunden. Dann schleppt die Wegwespe die Spinne einige Zeit umher, meist an einem Bein gepackt und im Rückwärtsgang. Dann scharrt sie an einem zum Graben günstigen Platz mit rasender Geschwindigkeit ein Loch, zerrt die Spinne an den Spinnwarzen hinein und belegt sie mit einem Ei. Die Larve saugt dann die gelähmte Spinne aus. Die verpuppungsreife Larve überwintert in einem Kokon.
Von dieser Grundstrategie gibt es einige Abweichungen. So tragen manche Wegwespen die Beute nicht im Rückwärtsgang an einem Bein, sondern sie tragen sie in den Kiefern, nachdem sie die Beine abgetrennt haben, und sie vergraben sie nicht, sondern bringen sie in bereits vorhandene Höhlen oder selbstgebaute Zellen aus Lehm. Einige Arten sind auch "Kuckuckswespen", indem sie ihre Eier an Spinnen legen, die von anderen Wegwespen erbeutet und vergraben wurden. Rund 100 Arten in Mitteleuropa.

Familie Lehmwespen (Eumenidae)
Leicht kenntlich an zwei Merkmalen, die beide vorhanden sein müssen: Die Vorderflügel sind in der Ruhe der Länge nach gefaltet und sehen dann sehr schmal aus. Das erste Hinterleibsglied ist glockenförmig. Die Fußkrallen tragen einen Zahn. Alle heimischen Arten tragen die typische schwarzgelbe Wespenzeichnung, die Augen sind nierenförmig. Alle können stechen, tun es aber nur, wenn man sie ergreift. Die Männchen trifft man vor allem auf Blüten, die Weibchen auch an Lehmwänden. Der deutsche Name Lehmwespe bezieht sich auf die Brutfürsorge der Weibchen: Die meisten fertigen aus Lehm oft kunstvolle Zellen oder mehrzellige Nester, in die sie Nahrung für ihre Larven eintragen, meist kleine Raupen, die stets auf dem Luftweg transportiert werden. Andere Arten tragen Käferlarven ein. Zur Lehmgewinnung würgen sie ein Wassertröpfchen aus und kneten es in den trockenen Lehm hinein. Andere Arten nisten in hohlen Pflanzenstengeln oder anderen vorgefundenen Löchern, in denen sie mit Lehmwänden Zellen abteilen. Aus der Verwandtschaft der Lehmwespen dürften sich die sozialen Faltenwespen entwickelt haben.

Familie Soziale Faltenwespen (Vespidae)
In Mitteleuropa mit etwa einem Dutzend Arten vertreten, die auf zwei Unterfamilien verteilt werden, die Feldwespen mit der einzigen Gattung Polistes und die Unterfamilie Vespinae mit mehreren Gattungen. Der Körper der Polistes-Arten ist nur mäßig tailliert, bei den Vespinae wirkt der Hinterleib vorne wie abgeschnitten, und die Taille ist extrem dünn.
Die Vespidae leben in Staaten mit einer Königin und ihren Nachkom-

men, den unfruchtbaren Arbeiterinnen. Sie bauen Nester aus zerkautem und eingespeicheltem Holz. Bei den Feldwespen besteht es aus einer bis handtellergroßen, freistehenden Wabe, bei den Vespinae ist es von einer kugeligen Schutzhülle umgeben und enthält einen Stapel von mehreren Waben. Die Nester werden im Frühjahr von der überwinterten Königin begonnen, von den Arbeiterinnen weiter ausgebaut und im Herbst verlassen. Die Königinnen können wahlweise befruchtete Eier legen, die sich zu Arbeiterinnen oder - bei spezieller Diät - zu Königinnen entwickeln, aus den unbefruchteten Eiern werden immer Männchen.
Die mitteleuropäischen Vespidae können alle nach der Kopfform und der Verteilung der gelben Farbflecke an Gesicht und Körper bis zur Art bestimmt werden. Bei den Vespinae unterscheidet man die Hornissen, bei denen die Augen vorne am Kopf liegen, sowie die Langkopfwespen mit einer deutlichen Wange zwischen Augen und Oberkiefern und die Kurzkopfwespen ohne ausgeprägte Wangen. Am besten sieht man den Unterschied auf unseren Fotos. Bei den beiden letzten Gruppen gibt es auch Kuckuckswespen, das sind nahe mit den Wirtsarten verwandte Wespen, die aber keine eigenen Arbeiterinnen entwickeln. Sie dringen in ein Wespennest ein, töten oder entmachten die Königin und lassen ihre Brut von den vorhandenen Arbeiterinnen aufziehen.

Bienen (Apidae)
Rund 560 Arten in Mitteleuropa, die vielfach im Felde schwer von manchen Wespen zu unterscheiden sind. Dazu muß man das innerste Fußglied des letzen Beinpaares betrachten. Es ist nur bei den Bienen mehr oder weniger abgeplattet und behaart und trägt keine Putzdornen. Die allermeisten Arten sind allerdings schon an ihrer dichten Behaarung als Bienen zu erkennen.
Deutlicher als in der Gestalt setzen sich die Bienen im Verhalten von allen Verwandten ab: Sie ernähren sich und ihre Larven mit Nektar und Blütenstaub, einer Nahrung, die den fuß- und augenlosen Larven nur durch die Hilfe ihrer Mütter zuteilwerden kann. Alle Bienen tragen Nektar und Pollen ein, die meisten als Einzelgänger, einige aber auch in der Gemeinschaft von Tierstaaten.
Die Geschlechter lassen sich mit der Lupe an ihren Fühlern unterscheiden, bei den Männchen bestehen sie aus 13, bei den Weibchen aus 12 Gliedern. Die Bienen werden in 7 Unterfamilien aufgeteilt, die zuweilen auch als eigene Familien geführt werden, im Felde aber teilweise kaum zu unterscheiden sind.

Unterfamilie Furchenbienen (Halictinae)
Etwa 150 Arten in Mitteleuropa, die Weibchen sind kenntlich an einer unbehaarten längsgerichteten Furche oben auf dem hintersten Hinterleibsring. Es sind meist kleine, schlanke Bienen, die den Pollen an den behaarten Hinterbeinen tragen (Beinsammler). Sie brüten meist in Erdbauten, manche in mehr oder weniger hoch entwikkelten Gemeinschaften bis hin zu Tierstaaten.

Unterfamilie Sandbienen (Andreninae)
Die Hauptgattung Andrena ist in Mitteleuropa mit etwa 125 Arten

vertreten. Familientypisch ist eine Haarlocke an den Schenkeln der Hinterbeine, die beim Pollensammeln nützlich ist, ferner sind die Glieder der Lippentaster etwa gleich lang, und vom Antennensockel gehen zwei Nahtlinien aus. Sandbienen brüten in Erdröhren, oft in lockeren Kolonien. Beide Geschlechter überwintern erwachsen und paaren sich im Frühjahr. Zu den Sandbienen gehören die bunten Kuckucksbienen der Gattung Nomada.

Unterfamilie Mauer-, Mörtel- und Blattschneiderbienen (Megachilinae)
Über 90 Arten im Mitteleuropa. Die Weibchen sind leicht kenntlich an einer bürstenartig steifen Behaarung an der Bauchseite des Hinterleibs. In dieser Bauchbürste wird der Pollen getragen. Nur in dieser Familie tragen die Weibchen in Fluge Baumaterial (Lehm, Steinchen, Blatt- oder Blütenteile) zum Nest. Auch in dieser Familie gibt es Kuckucksbienen.

Unterfamilie Hosenbienen (Melittinae)
Weibchen mit auffallend langer, pumphosenartiger Behaarung der Hinterbeine, in der der Pollen transportiert wird. Brüten tief in Sandboden und breiten den Aushub vor dem Schlupfloch zu einer auffallenden Halde aus. Die Pollenkugel steht im Nest auf drei stumpfen Füßen. Nur wenige Arten in Mitteleuropa.

Unterfamilie Echte Bienen (Apinae)
Kenntlich am komplizierten Sammelapparat am letzen Beinpaar: Der Unterschenkel ist extrem breit, blank und von langen Haaren umstellt. In diesem "Körbchen" wird der Pollen getragen. In diese Familie gehören unter anderen die Honigbiene und die Hummeln.

Familie Ameisen (Formicidae)
Rund 200 Arten in Mitteleuropa, die nicht immer leicht von flügellosen Wespen zu unterscheiden sind. Bei den Ameisen weisen die Kiefer nach vorne, die Stirn schräg nach oben, und die Fühler sind etwa auf halber Höhe rechtwinklig geknickt. Zahlreiche andere Insekten wie Käfer, Wanzen, Gottesanbeterinnen und auch Spinnen sehen im Leben verblüffend ameisenähnlich aus, eine schützende Nachahmung der wehrhaften Ameisen.
4 Unterfamilien in Mitteleuropa:

1. Wespenameisen (Ponerinae) mit hinter dem ersten Segment eingeschnürtem Hinterleib. Vor allem in Südeuropa.

2. Knotenameinsen (Myrmicinae). Das Stielchen zwischen Brust und Hinterleib perlschnurartig mit 2 Verdickungen.

3. Schuppenameisen (Formicinae). Das Stielchen mit nur einem nach oben gerichteten schuppenförmigen Vorsprung, der Schuppe.

4. Drüsenameisen (Dolichoderinae). Hinterleib mit 4 Segmenten. Vor allem in Südeuropa.

Die Myrmicinen und Ponerinen stechen, bei den Formicinen ist der Stachel verkümmert, aber sie können ihr Gift verspritzen. Die Artbestimmung der Ameisen ist ein schwieriges Spezialgebiet, zumal die Merkmale, wie etwa der Verlauf der Nahtlinien auf dem Bruststück, die Form der Schuppe und die Kopfform etwas variabel sind.
Alle Ameisen sind staatenbildend mit einem hoch entwickelten Verständigungssystem und oft raffinierten Verhaltensweisen, über die es umfangreiche Bücher gibt.

Riesenholzwespe, Sirex gigas Weibchen
Familie Holzwespen, Siricidae

Körperlänge ohne Stachel bis 40 mm, in Zwergform auch nur 12 mm. Mit großem gelbem Schläfenfleck. Männchen bis 30 mm und mit einfarbig gelbrotem Hinterleib. Die Weibchen fliegen am warmen Tagen mit lautem Gebrumm auf sonnigen Lichtungen im Nadelwald, Flugzeit Juni bis August. Ein Weibchen kann bis zu 1000 Eier legen und bohrt dazu seinen Legestachel in das Holz kranker oder frischtoter Stämme. Die Larven (bis zu 8 pro Einstich) fressen im Verlauf von 3 bis 6 Jahren und nagen sich dann durch ein kreisrundes Schlupfloch von bis zu 10 mm Druchmesser ins Freie. Von Mitteleuropa bis Nordafrika verbreitet und heute selten geworden.

Kiefernholzwespe Sirex juvencus Weibchen
Familie Holzwespen, Siricidae

Innere Hälfte der Fühler und Beine braunrot, Männchen mit rötlichem Hinterleib. 15 bis 30 mm. Die Weibchen stechen ihre Eier in das Holz von Kiefern, Lärchen, Fichten und Tannen, wo die Larve einen Fraßgang tief in das Holz und wieder zurück bis dicht unter die Oberfläche anlegt, so daß die Wespe nach dem Schlüpfen keinen großen Widerstand mehr zu überwinden hat. Die Larve ernährt sich teilweise von holzabbauenden Pilzen, deren Sporen vom Weibchen bei der Eiablage in das Holz gebracht werden.
Flugzeit im Hochsommer. Die Weibchen fliegen mit lautem Brummen und lecken zuweilen an Baumsäften. Die Männchen verlassen fast nie die Wipfelregion.

Schwarze Kiefernholzwespe
Xeris spectrum, Weibchen
Familie Holzwespen, Siricidae

Schwarz mit gelblichweißem Schläfenfleck und rotgelben Beinen. Körperlänge 15 bis 30 mm, dazu kommt ein körperlanger Legestachel. Nicht selten in der nördlichen Nadelwaldzone, Flugzeit Juni bis September. Meist sitzen die Weibchen an geschlagenen Kiefern, seltener auch an Fichten und Tannen und noch seltener an Eichen, während die Männchen die Wipfelregion kaum verlassen. Die Weibchen treiben in bis zu 2 Stunden ihren Legeboher in das Holz. Das Tier auf unserem Bild hat ihn später nicht mehr herausziehen können und ist so zugrunde gegangen. Die Larven fressen einen zylindrischen Bohrgang (Unterschied zu Bockkäfern). Entwicklung meist dreijährig, selten auch zweijährig.

Getreidehalmwespe Cephus pygmaeus, Familie Halmwespen, Cephidae

Das 4. und 5. Hinterleibssegment breit gelb gerandet, zuweilen auch noch das 9. Segment. Körperlänge 5 bis 10 mm. Hauptflugzeit Juni und Juli, häufig, zuweilen schädlich an Getreide. Die Wespen trifft man gewöhnlich auf Blüten. Das Weibchen sticht einzelne Eier unterhalb der Ähre in einen Getreidehalm, vor allem beim Weizen. Die fußlose Larve frißt sich im Halm abwärts bis zum Wurzelansatz und läßt weißes Fraßmehl hinter sich zurück. Sie überwintert in einem Kokon im Stoppel hinter einem vorbereiteten Schlupfloch. Verpuppung im Mai.

Im Bestimmungsteil gehören der innere Text zum inneren Bild und der äußere Text zum äußeren Bild.

Fichtengespinstblattwespe
Cephaleia abietis
Familie Gespinstblattwespen

Bestimmung am einfachsten über die Aderung der Vorderflügel. Auf der Brust zwei mit den Spitzen einander zugekehrte Dreiecke. 11 bis 16 mm, Flugzeit April bis Juni, in Fichtenhochwäldern, meistens im Bergwald.;wald.
Die Männchen fliegen vor allem im Juni in den wärmeren Tagesstunden, während die Weibchen an Stämmen emporkriechen oder am Boden sitzen. Sie heften ihre Eier in kleinen Gruppen an die Nadeln vorjähriger Triebe. Zuweilen kommt es zu Massenflug und anschließendem Kahlfraß, von dem sich die Fichten aber wieder erholen, da die Knospen nicht angetastet werden.

Acantholyda hieroglyphica
Familie Gespinstblattwespen
Pamphiliidae

Hinterleib rotgelb mit schwarzen Enden, Vorderflügel gelblich mit schwach verdunkelter Spitze. 12 bis 17 mm. Die Wespen fliegen im Frühsommer und ernähren sich räuberisch, sie können kräftig zubeißen. Zerstreut, vor allem im Gebirge. Die Larven leben einzeln in einem Gespinstsack am Kiefern.

Megalodontis mersiti
Familie Gespinstblattwespen
Pamphiliidae

Antennen auffällig gekämmt. Bestimmung über Körperzeichnung und Antennenform. 10 bis 13 mm, im Mittelmeerraum.
Die Larven leben gesellig in einem Gespinst auf der Oberseite der Blätter von Laserkraut (Laserpitium).

Palaeocimbex quadrimaculatus
Familie Knopfhornblattwespen
Cimbicidae

Auffällig durch die gelben Schultern (Pronotum) an der sonst schwarzen Brust. Hinterleib gelb gestreift. Mit 16 bis 23 mm eine sehr auffällige Wespe, die im Mittelmeerraum heimisch ist, aber sehr lokal auch nördlich der Alpen gefunden wurde. Die bunten Larven leben meist an Weißdorn. Foto Geigl.

Cimbex sp., Antenne

Weidenknopfhornblattwespe
Pseudoclavellaria amerinae
Fam. Knopfhornblattwespen, Cimbicidae

Hinterleib meist mit 4 gelben Binden, Körperlänge 16 - 21 mm. Flugzeit Juni, Juli. Die Weibchen schneiden mit ihrer Legesäge Taschen in den Blattrand von Weiden und Pappeln, in die sie meist mehrere Eier ablegen. Die bleichgrünen, mehlig bestäubten Larven leben bis August, anfangs gesellig, später vereinzelt und verpuppen sich in einem gitterartigen, in seiner Form den Gegebenheiten angepaßten Kokon in Rindenritzen.
Die Raupen spritzen bei einer Störung Blut aus Öffnungen über den Stigmen.

Abica sericea
Fam. Knopfhornblattwespen, Cimbicidae
Kopf hinten verbreitert, Hinterleib an den Segmentgrenzen leicht eingeschnürt, Hinterschenkel bis zu den Knien schwarz. Beim Männchen stoßen die Augen auf dem Scheitel fast zusammen. Länge 10 bis 12 mm, Flugzeit April. In fast ganz Europa, häufig.
Die Larven leben unter anderem auf Erdbeere und Skabiosen.

Grüne Blattwespe Rhogogaster viridis
Fam. Blattwespen, Tenthredinidae

Bestimmung über die Kopf- und Brustzeichnung. Auf dem Hinterleibsrücken eine schwarze Längslinie, 10 bis 13 mm.
Flugzeit Mai bis August. Die Wespen besitzen spitze Kiefer und erbeuten in der Kraut- und Strauchschicht kleinere Insekten, während die Larven sich vom Laub verschiedener Bäume wie Weide, Pappel und Erle sowie von Kräutern ernähren.
In Mitteleuropa fliegen noch zwei ähnliche Arten: R. picta ist mehr schwarz als grün, und bei R. punctulata sind die Hinterleibsseiten schwarz gefleckt.

Tenthredo temula

Familie Tenthredinidae

Fühler schwarz und länger als Kopf und Brust zusammen. Hinterleib schwarz, nur die 3. Rückenspange gelb, die 4. und oft auch die 5. an den Seiten gelb. Um 12 mm. Flugzeit Mai und Juni, häufig und weit verbreitet.

Macrophya duodecimpunctata
Familie Tenthredinidae

Schwarz mit auffälliger, cremeweißer Fleckung, Ein Fleck am Vorderrand des Vorderflügels (das bei den meisten Wespen vorhandene Stigma) gelb bis gelbrot. 10 bis 12 mm, Flugzeit im Hochsommer, verbreitet und meist häufig. Die Larven leben auf Erlen.

Macrophya blanda
Familie Tenthredinidae

In der Gattung Macrophya sind die Hüftglieder des hintersten Beinpaares ungewöhnlich lang, so daß die Enden der Oberschenkel mindestens bis zum Hinterleibsende reichen. Blanda ist schwarz mit roter Hinterleibsmitte. Auf den Hüften der Hinterbeine findet sich beim Weibchen ein kleiner, beim Männchen ein etwas größerer weißer Bezirk. Körperlänge 11 bis 13 mm. Auf Blumenwiesen, nicht häufig.

Macrophya montana Männchen
Familie Tentredinidae

Die 3 inneren Fußglieder an den Hinterbeinen weiß, die beiden vorderen Beinpaare gelb, Brust und Hinterleib gewöhnlich schwarz. Länge um 10 mm. Nirgends häufig.
Beim Weibchen sind der 1., 5., 6. und 9. Hinterleibsring breit gelb gebändert, am 7. und zuweilen auch am 4. gelbe Seitenflecke. Die Schenkel der Hinterbeine schwarz mit gelben Spitzen.
Meist auf Umbelliferen. Futterpflanze Rubus.

Dolerus aericeps
Familie Tenthredinidae

Brust teils rot, teils schwarz, Beine schwarz, nur die Knie der Vorderbeine rot. Körperlänge 7 bis 8 mm. Nicht selten.
Hauptflugzeit April, die Wespen fliegen auf sonnigen Wiesen und Buschland und besuchen blühende Weiden.
Die Larven leben an Gräsern.

Allantus amoenus
Familie Tenthredinidae

Das innerste Fühlerglied gelb. Beim Weibchen - unser Bild - die 5. Spange auf dem Hinterleib gelb mit feinem schwarzem Hinterrand, Schildchen auf der Brust meist, aber nicht immer gelb, wie die ganze Färbung etwas veränderlich ist. In Mittel- und Südeuropa, nicht selten. Flugzeit Juni bis August, meist auf Doldenblüten.

Allanthus scrophulariae
Familie Tenthredinidae

Flügel bräunlich, hinter den Augen meist ein gelber Strich. 11 bis 15 mm, Flugzeit Mai bis Juli. Nicht selten in blühenden Sommerwiesen. Die Larven leben auf Königskerze und Braunwurz (Skrophularia). In fast ganz Europa.

Rosen-Bürsthornwespe Arge rosae
Familie Argidae

In dieser Familie bestehen die Antennen aus nur 3 Gliedern, von denen das keulenförmige äußerste das längste ist. Artbestimmung über die Färbung von Beinen und Flügeln. Länge 7 bis 10 mm.
Flugzeit in 2 Generationen im April und August. Die Weibchen stechen ihre Eier in Reihen (wie mit der Nähmaschiene) in frische Sprosse, die später braun werden und sich verkrümmen. Die Männchen (mit bürstenartigen Antennen) sitzen gerne auf Rosenblättern in der Sonne.

Arge cyanocrocea
Familie Argidae

Kopf und Brust schwarz mit Blauschimmer, Flügel innen mit gelben Adern, an der Spitze rauchgrau getrübt und mit einem in der Mitte abgeschwächten bis unterbrochenen Querband. 7 bis 9 mm, nicht selten. Flugzeit im Hochsommer. Gern auf blühenden Doldengewächsen.

Arge pullata
Familie Argidae

Die größte der heimischen blauschwarzen Argidae: Körperlänge 10 bis 12 mm. Die breiteste Stelle des Kopfes liegt hinter den Augen. Flügel rauchbraun.
Zerstreut, lokal häufig. Die Larven leben auf Birke. Bei der Eiablage reitet das Weibchen auf der Blattkante und schneidet sie spaltend auf. Die Eier werden in den Spalt gelegt. Verpuppung in einem Kokon mit gitterartiger Hülle.

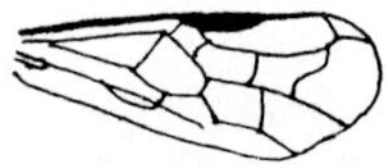

Arge pullata, Vorderflügel

Arge pagana
Familie Argidae

Flügel schwärzlich mit schwarzen Adern, oft mit Blauschimmer. Beine schwarz. 7 bis 9 mm, Hauptflugzeit Juli und August.
Die Weibchen stechen ihre Eier in frische Rosentriebe -unser Bild. Häufig in fast ganz Europa.

Arge sp., Antenne

Große Kieferngespinstblattwespe
Acantholyda nemoralis
Fam. Gespinstblattwespen, Pamphiliidae

Endlänge um 24 mm. Die Larven leben gesellig auf 5 bis 10-jährigen sonnigen Jungkiefern. Die Kotballen bleiben in dem etwas klebrigen Gespinst hängen und bilden eine dichte Hülle, in deren Schutz sich die Larven bei Tage aufhalten. Im Juli oder August graben sich die Larven am Fuß der Bäume ein, und die Wespen schlüpfen im nächsten Juni. Ihr Vorderkörper ist schwarz mit gelber Zeichnung, der Hinterleib rotgelb mit schwarzem Ende.

Fichtengespinstblattwespe Cephaleia abietis, Larve
Fam. Gespinstblattwespen, Pamphiliidae

Schmutzig grün mit glänzend schwarzem Kopf und Beinen, bis 20 mm. Die Wespen legen im Frühsommer ihre Eier in kleinen Gruppen an vorjährige Nadeln, meist hoch in älteren Fichtenwäldern. Die Larven leben dann gemeinsam in mit Exkrementen durchsetzten Gespinsten. Im August lassen sie sich an Fäden zu Boden und graben sich bis 30 cm tief am Fuß der Bäume ein, wo sie sich meist erst nach 2 oder 3 Jahren im Frühjahr verpuppen.

Gallen von **Pontania vesicator**
Fam. Blattwespen, Tenthredinidae

In der Gattung Pontania gibt es mehrere Arten, die an den Blättern von Weiden "Bohnengallen" erzeugen, die allerdings der Weide kaum schädlich werden. Versicator erzeugt die größten Gallen dieser Art mit einer Länge um 20 und einer Breite um 15 mm. Die Gallen finden sich von Mai bis September an Weidenblättern und sind anfangs grün, später mehr oder weniger rot. Die verpuppungsreife Larve verläßt die Galle durch ein Schlupfloch und verpuppt sich am Boden. Die 4 bis 6 mm langen Wespen mit gelbrotem Hinterleib leben sehr versteckt, sind aber überall häufig.

Palaeocimbex quadrimaculatus
Larve

Die Larven leben im Frühjahr und bis in den Frühsommer an Weißdorn, seltener auch an Holzbirne und Traubenkirsche. Endlänge um 40 mm. In Südeuropa, nördlich der Alpen sehr lokal.
Die bunten Farben werden als Warntracht gedeutet, da die Raupen bei einer Reizung ihr scharf schmeckendes Blut verspritzen. Die Wespen schlüpfen nach kurzer Puppenruhe in einem tönnchenförmigen Kokon.
Foto Geigl.

Große Pelzblattwespe
Trichiosoma lucorum, Larve
Familie Cimbicidae
Mit der für Cimbicidenlarven typischen Querfältelung. Grundfärbung bläulichgrün bis gelblich, immer aber mit einem bräunlichen Schatten auf der Kopfkapsel. 8 Bauchfußpaare, Endlänge um 40 mm. Die Larven leben einzelgängerisch auf Birken, zuweilen aber auch so häufig, daß sie Kahlfraß erzeugen. Sie fressen, auf der Blattkante reitend, gewöhnlich nur bei Nacht. Larvenzeit Juni, Juli. Die Larven überwintern in ihrem Kokon und entlassen im Frühjahr die gedrungenen, mattschwarzen und abstehend braungelb behaarten Wespen.

Rosen-Bürsthornwespe Arge rosae
Larve Familie Knopfhornblattwespen, Cimbicidae

Gesellig und zuweilen schädlich an Zierrosen. Die Larven haben 6 Paar Bauchfüße. Die Junglarven fressen skelettierend, später erzeugen sie Lochfraß, schließlich verzehren sie ganze Blätter. In 2 Generationen von Juni bis September. Die Herbstlarven überwintern in einem krugförmigen Kokon in der Erde und verpuppen sich im Frühjahr.

Gelbe Pappelblattwespe Trichiocampus viminalis, Larven
Fam. Tenthredinidae, Blattwespen

Unverwechselbar, Endlänge um 20 mm.
Gesellig auf der Blattunterseite an Pappeln und Salweide, wo die Jungraupen die Blätter skelettieren, während die alten Raupen nur den Stiel verschonen. Die Larven sind durch einen üblen Geruch und wahrscheinlich auch schlechten Geschmack geschützt. Larvenzeit Juli bis Oktober. Verpuppung einzeln in einem Gespinst in Rindenritzen. Die Wespen fliegen im Juni und stechen ihre Eier in zwei Reihen in die Blattstiele ein.

Rotfleckige Erlenblattwespe Eriocampa ovata, Larve
Fam. Blattwespen, Tenthredinidae

Auffällig durch flockige Wachsabscheidungen, die allerdings im letzten Larvenkleid nicht mehr vorhanden sind. Die Wachsflocken werden als Schutz gegen kleinere Feinde verstanden: Eine Ameise etwa verschmiert sich mit dem Wachs ihre Kiefer und hat dann lange zu tun, um sich wieder zu reinigen.
Eine oder zwei Generationen an Erle, nicht selten. Die Larven sitzen auf der Unterseite und lassen beim Fressen meist nur das Blattgerippe stehen.

Periclista lineolata Junglarve
Fam. Blattwespen, Tenthredinidae

Mit dunkelgrün durchscheinendem Rückengefäß und schwarzem Kopf. Länge bis 17 mm.
Die Weibchen schieben ihre Eier in Taschen, die sie mit ihrer Legesäge in Eichenblätter schneiden (vor allem in Stieleichen bis in Mannshöhe). Die Junglarven fressen anfangs Löcher, später ganze Blätter und noch später, wenn ihnen die Blätter zu hart werden, fressen sie nur noch die weichen Blattinhalte und lassen die Rippen und die Oberhaut zurück (der sogenannte Skelettierfraß). Bei der letzten Larvenhäutung verlieren sie ihr Dornenkleid.

Galle von **Pontania pedunculi**
Fam. Blattwespen, Tenthredinidae

Die Gallen finden sich von Ende Mai bis zum Laubfall an der Unterseite von Weidenblättern, gewöhnlich auf der Mittelrippe. Sie sind auffallend behaart. In den Gallen entwickeln sich zuweilen kleine Rüsselkäfer der Gattung Balanobius. Die Wespen fliegen in zwei Generationen im Frühling und im Hochsommer. Verpuppung ausserhalb der Gallen am Erdboden.

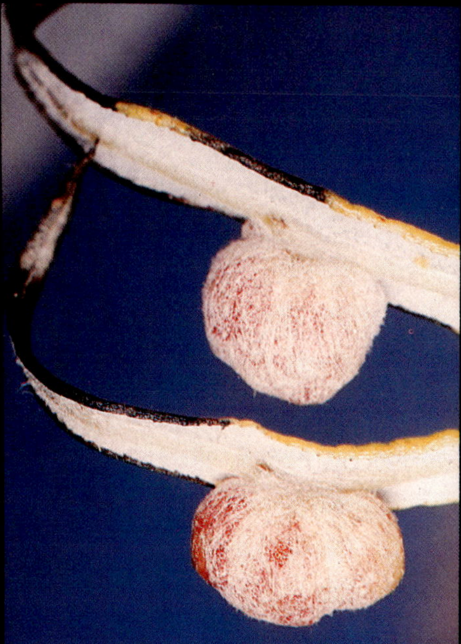

Kleine Lindenblattwespe Caliroea annulipes Larve
Fam. Blattwespen, Tenthredinidae

Das Weibchen schneidet mehrere Taschen von unten in die Blätter und schiebt in jede ein Ei. Die Larven, mit einer Schleimschicht bedeckt und daher einer Nacktschnecke nicht unähnlich, fressen anfangs Löcher in die Blätter, später begnügen sie sich mit Skelettierfraß. An Linde, öfter aber noch an Weiden, Birke, Eiche, Hasel, auch an weiteren Laubarten. 2 bis 3 Generationen von Mai bis Oktober.
Verpuppung und Überwinterung in einem Kokon in der Bodenstreu.

Schwarze Kirschblattwespe Caliroea limacina, Junglarve
Fam. Blattwespen, Tenthredinidae

Die Weibchen stechen ihre Eier in die Blattunterseite von Steinobst und weiteren Laubarten. Die Larven sind bis zur letzten Larvenhäutung mit einem schwarzen, übelriechenden Schleim überzogen, werden aber trotzdem von Haussperlingen gefressen. Sie fallen besonders durch Skelettierfraß auf. Endlänge 14 mm, 2 Generationen von Juni bis September. Überwinterung in einem Gespinst am Boden. Die fertige Wespe ist etwa 5 mm lang und glänzend schwarz.

Rosengallwespe Diplolepis rosae
Familie Gallwespen, Cynipidae

Das letzte Hinterleibssegment zu einer feinen Spitze ausgezogen. Länge 3,6 bis 5 mm. Bestimmung am besten über die Gallen. Wenn man im Frühjahr vorjährige Rosengallen einträgt und feucht lagert, so schlüpfen über die Monate hin zahlreiche Bewohner, darunter auch die Rosengallwespen, und zwar 99 % Weibchen und etwa 1 % Männchen. Dazu kommen zahlreiche Parasiten, von denen wir die schöne Torymus in diesem Buch vorstellen, weiter Parasiten von Parasiten und harmlose Einmieter. Insgesamt wurden aus den Schlafäpfeln 26 Arten von Insekten gezogen. darunter auch die kleine Gallwespe Perichstus, die sich in eigenen, kleinen und dickwandigen Kammern in den Rosengallen entwicklelt.

Schlafapfel, Galle der **Rosengallwespe** Diplolepis rosae

Die Gallen, früher als Heilmittel gebraucht, entwicken sich ab Mai an allen frischen Teilen von Wildrosen, nicht aber an Zierformen. Auf einer Blattrippe - unser Bild - bleiben sie einkammerig, meist aber werden sie vielkammerig und können einen Durchmesser von 4 cm erreichen.
Sitzen Gallen an einem frischen Zweig, so stirbt das darüber hinausragende Zweigstück ab, und die Galle kommt an das Zweigende zu liegen. Im Herbst verholzen die Gallen, bleiben aber meist noch jahrelang an den Zweigen. Im Frühjahr nagen sich die Insassen ihren Weg ins Freie.

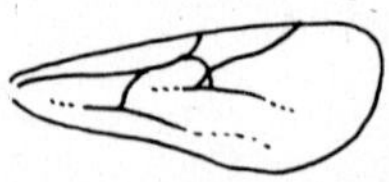

Diplolepis sp., Vorderflügel

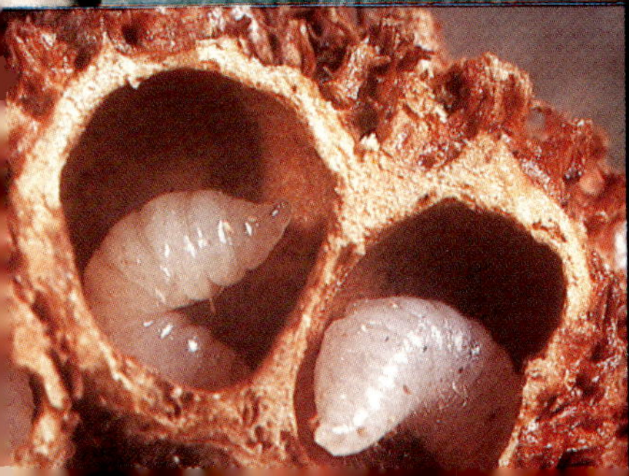

Eichengallwespe
Cynips quercusfolii Weibchen
Familie Gallwespen, Cynipidae

Fühler und Beine lang zottig behaart, Klauen zweizähnig. Am besten bestimmt man die Wespen nach den Galläpfeln, in denen man sie von September bis in den Winter antrifft. An milden Wintertagen legen sie ihre Eier in Knospen, die sich dann zu etwa 3 mm großen, rötlich samtartig behaarten Knospengallen entwikkeln, aus denen im Mai oder Juni die stark glänzenden, wie poliert ausehenden Geschlechtstiere schlüpfen.

Eichengallwespe Cynips quercusfolii, Gallapfel

Die Galläpfel entwickeln sich im Juni auf einem Blattnerv an der Unterseite von Eichenblättern. Sie sind anfangs grün, später werden sie auf der Sonnenseite rotbackig und schließlich braun und vertrocknet. Im Zentrum findet sich eine wenige mm große Kammer, in der man je nach Jahreszeit eine Made, im Spätherbst eine Puppe und im Winter die fertige Wespe antrifft.
Der Name Gallapfel stammt von dem gallenbitteren Geschmack der Gallen, die größere Tiere vom Verzehr abhält. Die Galle schützt aber nicht vor dem Befall durch Erzwespen, die die Mehrzahl der Gallen anstechen und parasitieren.

Gallapfel der Gallwespe **Cynips longiventris**
Familie Gallwespen, Cynipidae

Die unverwechselbaren Gallen wachsen ab Juni, Juli an der Unterseite der Blätter von Stieleichen und Steineichen und erreichen einen Durchmesser um 10 mm. Sie fallen mit dem Herbstlaub ab und vertrockenen am Boden. In ihnen entwicken sich nur Weibchen der Gallwespe, die sich im Winter ins Freie nagen und ihre Eier in Eichenknospen einstechen. Aus diesen Knospen entwicken sich um 2 mm große, filzige Knospengallen, aus denen Männchen und Weibchen schlüpfen, die Eltern der gallapfelbildenden Wintergeneration.

Schwammgalle von **Biorrhiza pallida**
Familie Gallwespen, Cynipidae

Im Winter schlüpfen aus unterirdischen Wurzelgallen die flügellosen, bis 6 mm langen Weibchen von Biorrhiza pallida und ersteigen die Büsche der Eichen, wo sie ihre Eier in Knospen einstechen. Aus diesen Knospen entwickeln sich dann die weichen, kartoffelähnlichen Schwammgallen mit einem Durchmesser bis 4 cm. Im Sommer entlassen die Gallen geflügelte Männchen und teils ungeflügelte Weibchen sowie zahlreiche Parasiten und Einmieter. geflügelte Männchen und zum Teil flugunfähige Weibchen sowie zahlreiche Parasiten und Einmieter aus rund einem Dutzend Arten. Die begatteten Weibchen graben sich zu den Wurzeln ein, wo sie Wurzelgallen erzeugen, die erst nach etwa 18 Monaten, also im Winter, flügellose Weibchen entlassen.

Sodomsapfel Galle von Andricus quercus tozae
Familie Gallwespen, Cynipidae

Die auffälligen Gallen finden sich an vorjährigen Zweigen von Eichen. Häufig im Mittelmeerraum. Die Gallen enthalten in hoher Konzentration Gerbsäuren, welche die Larve davor bewahren, samt Gallapfel von einem Tier gefressen zu werden.
Die Gallen wurden früher in grossen Mengen geerntet - ein Baum konnte bis über 100 Kg Galläpfel ergeben- und zum Gerben von Leder und in Verbindung mit Eisensalzen zur Tintenherstellung benützt.
Die Larven verpuppen sich im November, und die Wespen nagen sich im Februar oder März ins Freie. Man kennt nur die weiblichen Tiere.

Zapfengalle von **Andricus fecundator**
Familie Gallwespen, Cynipidae

Die auffallenden Gallen entwickeln sich im Laufe des Sommers aus Knospen und öffnen sich im Herbst wie eine Blume. Dabei wird innen eine eiförmige, verholzte Larvenkammer sichtbar. Im Spätherbst oder Vorfrühling schlüpfen aus diesen Innengallen Weibchen, deren Beine und Fühler im Unterschied zur Eichengallwespe nicht lang und zottig behaart sind. Körperlänge 4 bis 5 mm. Manche Weibchen überliegen in ihrer Galle einen Sommer. Sie legen ihre Eier in die Knospen männlicher Blüten, aus denen sich dann 2 mm lange Gallen entwickeln, die im Juni Männchen und Weibchen entlassen. Außer den Erregern entwickeln sich in den Zapfengallen zahlreiche Parasiten und Einmieter.

Linsengallen von **Neuroterus quercus baccarum**
Fam. Gallwespen, Cynipidae

Die mit Sternhaaren besetzten Linsengallen wachsen vom Spätsommer bis zum Laubfall auf der Unterseite von Eichenblättern heran, gewöhnlich in großer Zahl. Sie fallen samt Insassen im Herbst ab und entlassen im nächsten Frühjahr ausschließlich Weibchen, die ihre Eier in männliche Eichenblüten ablegen, wo sich dann rasch kugelförmige Gallen entwickeln, aus denen im Frühsommer Männchen und Weibchen schlüpfen.

Münzengalle von **Neuroterus numismalis**
Familie Gallwespen, Cynipidae

Man hat schon bis 1000 der auffälligen Gallen auf der Unterseite eines Eichenblattes gefunden. Sie fallen im Herbst ab und entlassen im nächsten Frühjahr ausschließlich Weibchen (Länge 2 bis 2,7 mm, Hinterleib zusammengedrückt und von der Seite gesehen fast kreisrund). Aus den Gallen wurde zudem etwa ein halbes Dutzend anderer, parasitischer Wespenarten erhalten. Die Weibchen legen ihre Eier in Eichenknospen ab, die dann unscheinbare Blattgallen entwickeln, aus denen im Frühsommer Männchen und Weibchen schlüpfen.

Andricus inflator Galle
Familie Gallwespen, Cynipidae

Die Gallen entwickeln sich in den Triebspitzen von Stieleiche, Steineiche und Flaumeiche und werden bis zu 10 mm dick. Ausgereift im Juni, danach färbt sich die Galle von grün nach braun um und vertrocknet.
Auch bei inflator kommt es zu einem Generationswechsel zwischen einer Generation mit Männchen und Weibchen und einer ungeschlechtlichen Weibchengeneration, der ganze Zyklus dauert zwei Jahre. Die Galle wird von den Forstleuten als Kohlrübengalle bezeichnet.

Allotria sp.
Familie Gallwespen, Cynipdae

Eine Gallwespe, die als Hyperparasit bei den Larven von Blattlausschlupfwespen auftritt. Fast in jeder Blattlauskolonie anzutreffen. Zusammen mit den kleinen Schlupfwespen sieht man die Tiere langsam auf den Blattläusen herumkriechen. Durch ihren seitlich stark zusammengedrückten Körper geben sie sich leicht als Gallwespen zu erkennen. Sie betasten mit ihren Antennen sorgfältig die Blattläuse und erkennen dabei, ob sie von einer Schlupfwespenlarve bewohnt sind. Sie werden dann mit einem Ei belegt. Die Gallwespenlarve saugt die Schlupfwespenlarve erst dann völlig aus, wenn diese die Blattlaus völlig ausgesaugt hat. Die Puppe bleibt in der Blattlaushülle, und die Wespe nagt sich durch ein Schlupfloch ins Freie.

Sichelwespe Therion circumflexum
Familie Schlupfwespen, Ichneumonidae

Länge 15 bis 25 mm, häufig, vor allem auf Doldenblüten, Flugzeit im Spätfrühling, meist in Kiefernwäldern.
Die Schlupfwespen stechen die Raupen größerer Nachtfalter an, wenn sie kurz vor der Verpuppung stehen, sie können aber, wenn sie ergriffen werden, auch den Menschen empfindlich stechen.
Verpuppung in der Wirtspuppe, dabei steckt die Puppe mit der hinteren Hälfte in einem Topf aus getrocknetem Kot, während der vordere Teil der Puppenhülle mit einem lockeren Gespinst angefüllt ist.

Enicospilus ramidulus
Familie Schlupfwespen, Ichneumonidae

Kopf hinter den Augen nicht verschmälert, im Flügel in einer Zelle zwei hornige Fleckchen. Länge 18 bis 20 mm. Häufig.
Eine nachtaktive Schlupfwespe, auf Eulenraupen spezialisiert, die nur nachts zum Fressen aus ihren Verstecken kommen. Oft von Lichtquellen angezogen. Ihr Stich ist auch für den Menschen schmerzhaft.

Schwarze Schlupfwespe Pimpla instigator
Fam. Schlupfwespen, Ichneumonidae

Kopf und Brust mit schwarzen Haaren,. Länge je nach Größe des Wirtes 10 bis 24 mm. Dazu kommt der Stachel von etwa der halben Hinterleibslänge. Häufig.
Die Weibchen laufen mit gelüfteten Flügeln viel umher und suchen Schmetterlingspuppen, in die sie ihre Eier einstechen. In kleine Puppen legen sie unbefruchtete Eier, aus denen kleine Männchen schlüpfen, in große Puppen befruchtete Eier, die sich zu Weibchen entwickeln. Die Weibchen ernähren sich teils von Nektar, teils vom Blut der Puppen, das sie aus der Stichwunde auflecken.

Pimpla instigator Puppe

Der Befall einer Puppe durch Pimpla ist der Puppe von außen nicht anzusehen, aber wenn man den Hinterleib der Puppe hin und her bewegt, so merkt man, daß er bei der parasitierten Puppe schlaff ist und in jeder Stellung stehenbleibt. Bei einer lebenden Puppe ist der Hinterleib elastisch und streckt sich wieder gerade, wenn die Puppe nicht sogar den Hinterleib auf eine Störung hin pendelartig bewegt bis wild hin und her schlägt.
Die Puppe ruht innen ohne weitere Ausspinnung mit dem Kopf nach vorne. Wenn die Verwandlung nach etwa 14 Tagen beendet ist, so beißt sich die Schlupfwespe einen Weg ins Freie. Dabei ist sie notfalls auch in der Lage, einen Kokon zu durchbrechen.
Überwinterung unter lockerer Rinde oder ähnlichen Verstecken, oft in größeren Gemeinschaften, die durch die Gunst der Lage zusammenkommen.

Pimpla instigator Larve

Ein Längsschnitt durch eine von Pimpla parasitierte Tagpfauenaugenpuppe. Die Larve liegt, ohne lebenswichtige Organe anzutasten, über dem Fettkörper. Sie ernährt sich anfangs, wie die Farbe der Magenfüllung anzeigt, von Blutflüssigkeit. Erst später wird sie auch die Organe angreifen und vollständig aufzehren. Die Larve ruht wie später die Puppe mit dem Kopf nach vorne im Wirt.
Die Parasitierung ist von außen nicht zu erkennen.

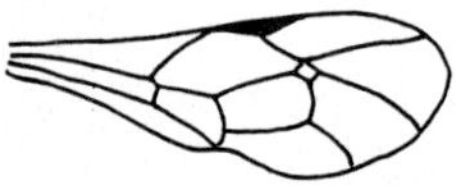

Pimpla sp., Vorderflügel

Acrodactyla degener
Familie Ichneumonidae

Bis 8 mm. Die Larven wachsen bis Juni als Außenparasiten an Radnetzspinnen (hier an einer jungen Kürbisspinne) heran, töten diese schließlich und saugen sie völlig aus. Dann verpuppen sie sich neben der toten Spinne in einem tönnchenförmigen Kokon, der wenige Wochen später die Schlupfwespe entläßt. Ihre Brust ist fein punktiert, erste und zweite Hüften sind schlank und zahnlos. 7 Arten der Gattung in Europa.
Selten.

Holzschlupfwespe Rhyssa persuasoria
Fam. Schlupfwespen, Ichneumonidae

Unverwechselbar gezeichnet, Länge 15 bis 25 mm, dazu kommt noch der etwa körperlange Stachel. Flugzeit Juni bis August in Nadelwäldern.
Die Weibchen orten die Larven von Holzwespen durch das Holz hindurch mit dem Geruchsinn, dann treiben sie ihren roßhaarartig biegsamen Stachel in etwa 10 Minuten in ganzer Länge in das Holz, meist entlang bereits vorhandener Sprünge. Die Eier ziehen sich im Stichkanal zu Fäden von etwa 2 cm Länge auseinander, ziehen sich dann aber wieder zu etwa Gurkenform zusammen. Es genügt, wenn das Ei in den Fraßgang des Wirtes gelangt, die Larve sucht diesen dann auf und saugt ihn aus. Entwicklung einjährig. Die fertige Schlupfwespe nagt sich durch ein rundes, bis zu 4 mm messendes Loch ins Freie.

Gelis sp.
Familie Schlupfwespen, Ichneumonidae

Die Weibchen von Gelis sind etwa 5 mm lang und flügellos. Sie stechen meist Spinnenkokons an, und die Larve saugt dann ein Spinnenei nach dem anderen aus. Dabei findet sie meist nicht alle Eier, so daß schließlich neben dem Parasiten auch einige Jungspinnen den Kokon verlassen. Andere Gelis-Arten sind Hyperparasiten, das heißt, sie parasitieren an den Larven anderer Schlupfwespen. Die Gelis-Weibchen überwintern.

Ephialtes manifestor
Fam. Schlupfwespen, Ichneumonida

Das letzte Tarsenglied der Hinterbeine ist etwas länger als das vorletzte. Körperlänge um 20 mm. Die Weibchen laufen viel auf geschlagenem Holz oder auf vernarbten Stammwunden umher und betasten das Holz eingehend mit ihren fingerartig beweglichen Antennen. So orten sie die Larven holzbohrender Bockkäfer und Schmetterlinge. Ihr Ei stechen sie bis zur ganzen Länge des Legebohrers in das Holz. Flugzeit vom April bis in den Spätsommer.
Die Larven leben ektoparasitisch an ihren Wirten.

Pygostolus falcatus
Familie Schlupfwespen, Ichneumonidae

Die 4 bis 5 mm lange Schlupfwespe fliegt im Juli und August und fällt vor allem auf durch ihren ungewöhnlichen Wirt: Sie parasitiert in erwachsenen Rüsselkäfern. Die Käfer sind hart gepanzert, und es ist für die Schlufwespe sehr schwierig, sie anzustechen. Der einzige weichhäutige Ort dazu liegt unter den Flügeldecken, und die Wespe kann oft erst nach vielstundenlangen Versuchen die Einstichstelle mit dem Hinterleib ertasten und den Stich anbringen. Dabei findet sie auch aus meterweiter Entferung immer wieder zu ihrem Opfer zurück.

Specophaga vesparum
Familie Schlupfwespen, Ichneumonidae
Schwarz mit rotem Hinterleib und roten Beinen, Länge 3 bis 4 mm, sehr flink. Parasit in Nestern von Lang- und Kurzkopfwespen. Die befallenen Nester enthalten Zellen, die im oberen Viertel durch eine feste braune Querwand abgeteilt sind. Sie ist ein Teil des meist sehr festen Kokons, den sich die Schlupfwespenlarve gesponnen hat. Trägt man solche Nester ein, so schlüpfen teils noch im gleichen Sommer, teils erst nach der Überwinterung die Schlupfwespen.

Gichtwespe Gasteruption affectator
Fam. Gichtwespen, Gasteruptionida

Eine Familie und Gattung von unverwechselbarer Gestalt. Hinterschenkel keulig angeschwollen (daher der Name "Gichtwespen). Affectator ist die häufigste der rund 10 heimischen Arten und kenntlich am matten Kopf und einer lederartig genarbten Brust. Länge 8 bis 12 mm.
Die Wespen fliegen in den Sommermonaten mit hängenden Beinen langsam vor Lehmwänden auf und ab, wo zahlreiche Solitärbienen und Grabwespen ihre Brutröhren graben. Ihre Larven leben als Außenparasiten an den Larven von Grabwespen.

Wasserschlupfwespe Agriotypus armatus, Familie Agriotypidae

Schwarz mit rauchbraun gebänderten Flügeln. Auf der Brust ein nach hinten gerichteter Dorn. 6 bis 10 mm.
Von Ende April bis Mitte Mai fliegen die Wespen an Gewässern und kriechen, mit Luftblasen behängt, zu Köcherfliegenlarven, die sich eben zur Verpuppung angesponnen haben. Noch umherkriechende Larven werden verschmäht, die anderen mit einem Ei belegt. Danach läßt sich die Wespe von den mitgeschleppten Luftblasen wieder an die Oberfläche tragen. Ein "Tauchgang" kann etwa 15 Minuten dauern.

Von **Agriotypus** befallene Köcherfliegenlarve

Die Schlupfwespenlarven saugen als Außenparasiten die Köcherfliegenlarve oder die inzwischen entstandene Puppe aus, danach spinnen sie ein Seidenband und schieben es aus dem Wirtsköcher. Es kann bis 5 cm lang sein und ist mit Luft gefüllt. Soweit bekannt, dient es der Atmung der Schlupwespenlarve, die jedenfalls zugrunde geht, wenn man das Band abschneidet. Die Schlupfwespen verbringen den Winter im Köcher und schlüpfen im nächsten April.

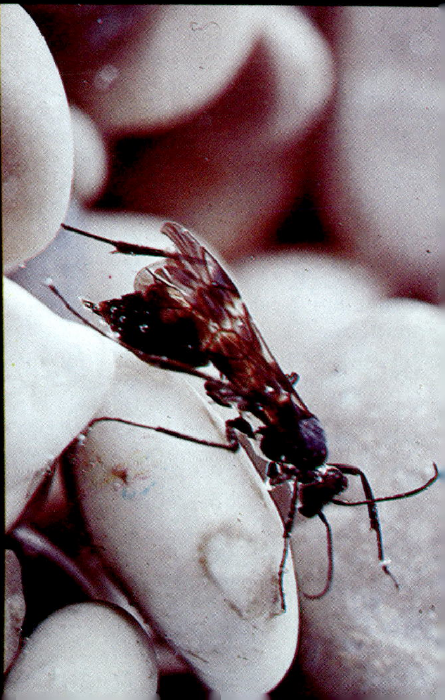

Pteromalus puparum
Familie Pteromalidae

Mit einer Länge von 2 bis 3 mm schon ein Riese unter den Erzwespen. Häufig. Die Weibchen besteigen zur Verpuppung angesponnene Tagfalterraupen und warten geduldig auf die Verpuppungshäutung. Dann aber werden sie rege und spicken die noch weiche Puppe mit etwa 50 Eiern. Die Larven entwickeln sich in wenigen Tagen und verbringen auch die Puppenruhe in der völlig ausgefressenen Hülle des Wirtes. Dann nagen sie sich jede für sich ein Schlupfloch, so daß die Puppenhülle nachher durchsiebt erscheint. Auf jedes herauskommende Weibchen warten schon mehrere Männchen, und einem davon gelingt sofort die Kopulation. Überwinterung in der Puppenhülle.

Pteromalus puparum Puppen

Die befallene Puppe wird in wenigen Tagen völlig ausgefressen, öffnet man danach die Hülle, so findet man sie angefüllt mit den Puppen der Schlupfwespen. Sie sind anfangs elfenbeinweiß, nach wenigen Tagen färben sich die Augen erst rot, dann schwarz, und dann dunkelt auch der Körper nach. Die Wespen schlüpfen nach wenigen Tagen, aber es dauert dann doch noch viele Stunden, bis sie damit beginnen, Löcher in die Hülle des Wirtes zu nagen, und ins Freie kommen.

Eulophus sp., Antenne

Eulophus larvarum
Familie Eulophidae

Parasit bei Raupen, im Bild in einer Raupe des Schlehenspinners. Die grünen Schlupfwespenlarven verlassen gleichzeitig den ausgesaugten Wirt auf dessen Bauchseite, kriechen ein kurzes Stück von ihm weg und verpuppen sich. So entsteht ein Kreis von Schlupfwespenpuppen rund um die Reste der toten Raupe. In der Gattung Eulophus gibt es - eine Ausnahme unter den Hymeonpteren - Mumienpuppen. Das sind keine freigliedrigen Puppen, sondern solche, deren Gliedmaßen mit dem Körper verklebt sind. So entsteht eine gepanzerte, schlecht angreifbare Puppe, die in der Lage ist, offen auf einem Blatt angeklebt die Puppenruhe zu überdauern.

Leucospis gigas
Familie Leucospidae

Länge bis 15 mm. Die Flügel werden in der Ruhe der Länge nach gefaltet, haben aber in der Aderung keine Ähnlichkeit mit denen der Faltenwespen. Vielmehr sind die Adern wie bei den Erzwespen weitgehend reduziert. Die Weibchen mit langem Legebohrer, den sie in der Ruhe über den Rücken nach vorne legen, wo er bis zur Brust reicht. Zur Eiablage schlagen sie ihn aber um etwa 270 Grad nach hinten. Sie durchbohren damit die steinharten Nester der Mauerbienen. Flugzeit Juli, August. Heimat Südeuropa. Bislang wurden nur Weibchen gefunden, die Art kommt also ganz ohne Männchen aus.

Torymus bedeguaris
Familie Torymidae

Zur Bestimmung dieser prachtvoll golden und grün glänzenden, 4 mm langen Erzwespe dient am einfachsten ihre Herkunft: Wenn man im zeitigen Frühjahr eine Anzahl Gallen der Rosengallwespe einträgt, so werden einige Wochen nach den Gallwespen einige der Gallwespenparasiten die "Schlafäpfel" verlassen. Die Männchen haben natürlich keinen Legestachel. Ihre ganze Schönheit zeigen die Wespen nur unter dem Binokular. Im Freien fliegen sie im Mai, wenn die Gallen der Wirte noch klein und so weich sind, daß sie sich anstechen lassen. Die Larven überwintern in der Galle und verpuppen sich im nächsten Frühjahr.

Brachymeria femorata
Familie Erzwespen, Chalcididae

Das hinterste Beinpaar mit stark verdickten Schenkeln und schwarzgelb gezeichnet. Mit einer Länge von 3 bis 6 mm für eine Erzwespe sehr groß. Häufig in Südeuropa, nördlich der Alpen zerstreut.
Parasit in Raupen der verschiedensten Verwandtschaft.

Meteorus sp., Vorderflügel

Telenomus sp.
Familie Scelionidae

Die winzigen, den Erzwespen nahestehenden Schlupfwespen sind Eierparasiten und so klein, daß sich in einem Insektenei gleich mehrere Schlupfwespchen entwickeln können. Die Schlupfwespe im Bild befällt die Eier des Viepunktkäfers (Clytra quadripunctata). In der Ruhe sitzt die etwa 1 mm lange Wespe auf dem Rücken des Käfers und wartet. Legt er aber ein Ei, so wird sie lebhaft, klettert auf das Ei und sticht noch während der Eiablage ihre Eier in das Wirtsei.
Die Wespchen sind kenntlich am Fehlen von Flügelgeäder und behaarten Augen.

Meteorus sp. Puppe
Familie Brackwespen, Braconidae

Die Gattung ist in Deutschland mit etwa 30 Arten vertreten. Besonders auffallend sind ihre an eimen Faden hängenden Puppenkokons. Der Faden ist bei einer Art bis zu bleistiftlang. Die fußlose Made fertigt ihn, indem sie eine Art Netzstrumpf spinnt, dann streckt sie das Vorderende durch eine der Maschen, spinnt um sich ein neues Netz, dann schlüpft sie vollends in dieses neue Netz und wiederholt das Gleiche. Hinter ihr klebt der "Netzstrumpf" zu einem dünnen Seil zusammen. Am Ende spinnt sie den tönnchenförmigen Kokon, in dem die Puppe mit dem Kopf nach unten ruht.
Der Faden soll wohl manche Feinde daran hindern, bis zur Puppe vorzudringen. Tun sie es dennoch, so kann die Larve sie erschrecken, indem sie innen hin und her schnellt. Legt man den Kokon auf den Boden, so hüpft er wie von Geisterhand bewegt am Boden herum.

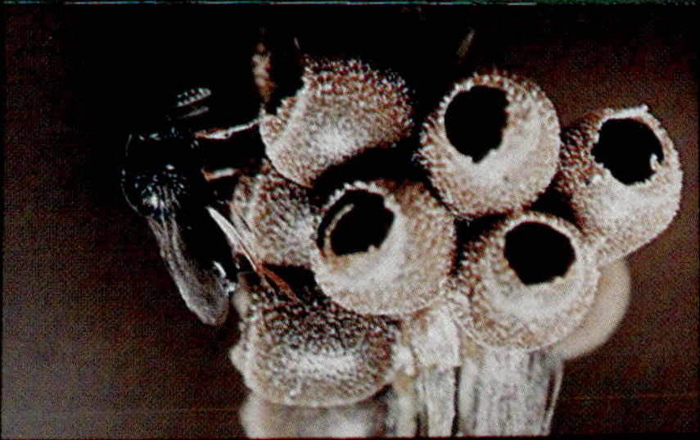

Weißlingstöter Apanteles glomeratus, Familie Brackwespen, Braconidae
Bestimmung über den Wirt: Meist sind mehr als die Hälfte aller Kohlweißlingsraupen befallen. Die gelben Puppenkokons sind allbekannt, die 2,5 bis 3 mm langen Wespen treten kurz nach dem Schlüpfen der Kohlweißlingsraupen in Erscheinung, sind aber nicht allein auf Weißlinge beschränkt. Die Gattung, in Deutschland mit etwa 50 Arten vertreten, ist kenntlich an einem dunklen Flügelmal. Ein Weibchen kann bis zu 2000 Eier produzieren und injiziert davon je 30 bis 50 in eine Raupe.

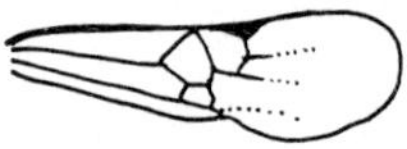

Apanteles sp., Vorderflügel

Apanteles glomeratus Puppenkokons
Familie Brackwespen, Braconidae

Die Larven entwickeln sich in den Raupen zahlreicher Arten, vor allem aber beim Kohlweißling. Wenn sie erwachsen sind, hat auch die Raupe ihr letztes Kleid erreicht. Dann ätzen sich die Larven etwa gleichzeitig mit Verdauungsaft einen Weg ins Freie und spinnen sich auf der Raupe in einen gelben Kokon, oft fälschlich als "Raupeneier" bezeichnet, ein. Die Raupe lebt noch einige Tage und überspinnt zuweilen die Wespenkokons mit ihrer Seide.
Ein Weibchen sticht etwa 30 Eier in eine Raupe und legt über 1000 insgesamt. Eine Raupe kann mehrfach angestochen werden und schließlich bis 150 Parasiten entlassen.

Apanteles congestus Puppenkokons
Familie Brackwespen, Braconidae

Parasit in wenig behaarten Raupen. Die reifen Larven bohren sich aus dem Wirt und spinnen einen gemeinsamen Puppenkokon, der wie ein Wattebäuschchen aussieht und meist auffällig an einem Halm hängt. Zuweilen ist die ausgesaugte Hülle des Wirts mit in den Kokon eingesponnen. Zerzupft man den Kokon, so findet man im Inneren zahlreiche, in einem Haufen zusammenliegende festere Einzelkokons. Wenn die Wespen geschlüpft sind, so beißen sie in einem sauberen Rundschnitt eine Kappe ihres Eikokons auf.

Blattlausschlupfwespe Diaeretus rapae, Familie Aphidiidae

Parasit in meist ungeflügelten Blattläusen, ein Parasit pro Laus. Die befallenen Blattläuse wirken im Endstadium aufgetrieben, zuweilen auch farblich verändert, und viele verlassen die dicht gedrängte Kolonie und wandern in der Nähe umher, kommen aber nicht mehr weit. Im Bild die typische Stellung bei der Eiablage. Im Sommer ist ein Großteil der Blattläuse befallen, und die Wespen laufen auf den Kolonien herum und prüfen durch Betasten mit ihren Antennen die Blattläuse auf den Befall. Im Frühjahr ist es den Wespen aber noch zu kalt, während sich die Blattläuse schon vermehren und volkreiche Kolonien aufbauen können.

Praon sp. Puppenkokon
Familie Aphidiidae

Praon ist die zweite, ebenfalls artenreiche Gattung der Blattlausschlupfwespen und anhand der Flügeladerung von Aphidius zu unterscheiden.
Auffällig ist der Unterschied bei der Verpuppung: Die Praon-Larven bohren sich aus der leergefressenen Blattlaushülle und spinnen unter ihr ihren Puppenkokon, an den die leere Mumie angesponnen bleibt. Die Gattung enthält in Europa etwa 10 Arten.

Praon sp., Vorderflügel

Blattlausschlupfwespe, Puppe in ausgefressener Blattlaus

Die Aphidius-Larven verpuppen sich in der leeren Blattlaushülle. Zuvor spinnen sie die Hülle durch ein Loch auf der Bauchseite an der Unterlage an. Die Verwandlung dauert nur wenige Tage, dann beißen die Wespen einen runden Deckel in den Rücken der Blattlaushülle.
In der Gattung Aphidius gibt es zahlreiche Arten, die jeweils nur bei einer Blattlausart parasitieren. Die Gattung ist an ihrem typischen Flügelgeäder kenntlich. Der Kopf ist breiter als lang und breiter als das Bruststück.

Chrysis ignita
Familie Goldwespen, Chrysididae

Die Färbung alleine reicht zur Bestimmung nicht aus, aber das Weibchen trägt 4 Zähne am Hinterrand der letzten Hinterleibsspange. Je nach dem Futtervorrat, mit dem die Larve auskommen mußte, 5 bis 13 mm. Flugzeit April bis September; in trockenen, sonnigen Lagen Mitteleuropas die häufigste Goldwespe. Parasit vor allem bei solitären Faltenwespen, aber auch bei Bienen und Grabwespen. Die Larve frißt zunächst die Wirtslarve, dann die für sie eingetragenen Nahrungsvorräte, dann spinnt sie sich zur Verpuppung ein.

Chrysis ignita, Hinterleibsende

Chrysis cuprea
Familie Goldwespen, Chrysididae

Die vorderste Hinterleibsspange ist feiner punktiert als die beiden folgenden. 6 bis 12 mm. Flugzeit Juni und Juli, von Mitteleuropa bis Nordafrika. Man findet die Wespen vor allem an sonnigen Böschungen, auf Geröllhalden, geschlagenem Holz und auf den Balken von Fachwerkhäusern, gewöhnlich in der Nähe von Wildbienenkolonien, deren Neströhren sie eingehend mit den Antennen prüfen. Ihre Nahrung suchen sie auf Doldenblüten, aber auch in den Ausscheidungen von Blattläusen. Die Männchen erscheinen wie bei allen Chrysis-Arten bis 2 Wochen vor den Weibchen. Diese kriechen in die Nester von Wildbienen und legen ein Ei, selten auch einige Eier in die Zellen. Wenn mehrere Larven schlüpfen, so bekämpfen sie sich, bis eine überlebt. Überwinterung im Bienennest.

Omalus auratus
Familie Goldwespen, Chrysididae

Brust stark, Hinterleib nur sehr fein gepunktet. Um 5 mm. Häufig. Die kleinen Wespen halten sich gerne in der Nähe von Blattlauskolonien auf, besonders wenn sie auf Disteln leben. Die Larven parasitieren bei den Larven kleiner Grabwespen, etwa aus den Gattungen Passaloecus und Pemphedron.
Die Gattung Omalus ist in Mitteleuropa noch mit einigen ähnlichen, aber sehr seltenen Arten vertreten.

Stilbum cyanurum
Familie Goldwespen, Chrysididae

Meist blaugrün mit violetter letzter Hinterleibsspange, aber auch violett, grün, blau oder rotgolden bis feuerrot. In den Tropen und im Mittelmeerraum bis an den Alpensüdrand. Länge 12 bis 14 mm. Die Wespen sitzen gerne auf blühendem Lauch. Sie parasitieren bei Mauerbienen, Pillenwespen und beim Spinnentöter, immer aber in aus Lehm gemauerten Nestern. Gewöhnlich schmuggelt das Weibchen nur ein Ei in die halbfertigen Nester.

Chrysidea pumila
Familie Goldwespen, Chrysididae

Einfarbig grün bis blau, die ganze Oberseite dicht und fein punktiert, auf der 3. Hinterleibsspange eine Punktreihe in einer Querfurche und an den hinteren Ecken je eine zahnartige Verlängerung.
Winzig, 3 bis 7 mm.
Nicht selten im Mittelmeerraum, vor allem an Lehmwänden, wo Grabwespen und Solitärbienen brüten.

Scolia hirta
Familie Dolchwespen, Scoliidae

Flügel rauchig geschwärzt mit Violettglanz, auf dem 2. und 3. Hinterleibssegment eine gelbe Binde, bei manchen Individuen eine weitere schmale Binde auf dem 4. Segment. Beide Geschlechter bis auf die längeren Antennen der Männchen einander ähnlich. 12 bis 27 mm. Häufig in Südeuropa, nördlich der Alpen sehr lokal in warmen Heiden. Die Larven parasitieren bei Rosenkäfern und Julikäfern (Gattung Anomala).

Rotstirnige Dolchwespe Männchen

Kopf und Brust schwarz, je ein paar gelbe Flecken auf dem 2. und 3. Hinterleibsring. Fühler lang und gerade. 20 bis 30 mm. Flügel mit Metallglanz.
Flugzeit Juni bis August, im Mittelmeerraum sehr häufig, meist auf Distelblüten. Kräftiger, brummender Flug.
Nordgrenze der Verbreitung bei Bozen in Südtirol.

Elis sexmaculata
Familie Dolchwespen, Scoliidae

Flügel dunkel mit gelblicher Basis, Hinterleib mit 3 am Rücken unterbrochenen gelben Binden, Kopf mit gelber Zeichnung und schwarz behaart. Männchen bis 20, Weibchen bis 28 mm.
In Südeuropa, nordwärts bis Ungarn und Südfrankreich. Die Wespen graben sich zu den in Sandboden lebenden Larven von Blatthornkäfern der Gattung Anoxia durch, lähmen sie mit einem Stich zwischen die Beine und belegen sie mit ihrem Ei.

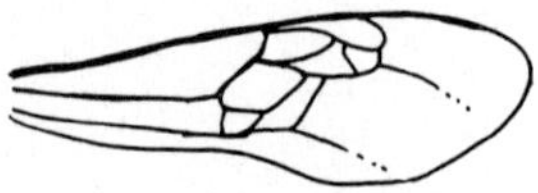

Elis sexmaculata, Vorderflügel

Rotstirnige Dolchwespe Scolia flavifrons Weibchen
Familie Dolchwespen, Scoliidae

Schon durch die Körpergröße - 40 bis 50 mm - unverwechselbar und die größte europäische Wespe. Mit einem sehr kräftigen Stachel bewehrt, aber sehr friedlich, von der Wirkung des Stiches ist nirgends berichtet. Meist findet man die furchterregenden Wespen eingewühlt in die Blütenköpfe von Disteln, zuweilen trinken sie auch aus Wasserstellen am Boden. Die Weibchen graben sich bis zu den Larven von Nashornkäfern, selten auch zu denen von Hirschkäfern durch, lähmen sie mit einem Stich und heften ein Ei an ihren Körper. Die Made frißt den Wirt vollkommen auf und verpuppt sich in einem rotbraunen, grobmaschigen Kokon. Die Puppe überwintert. Flugzeit in den Sommermonaten.

Rollwespe Thiphia sp.
Familie Rollwespen, Tiphiidae

Einfarbig schwarz mit kräftiger hellerer Behaarung, Antennen kurz, Flügel nicht bis zum Saum geädert. Hinterschienen mit Zähnen und Dornen. Sommerflieger im Mittelmeerraum und in den Tropen, gerne auf Doldenblüten.
Die Weibchen suchen Käferlarven der Gattung Rhizotrogus (Brachkäfer), lähmen sie mit einem Stich und kleben ein Ei an ihre Brust. Die Larven fressen sich in den Wirt ein und sind nach etwa 3 Wochen erwachsen.

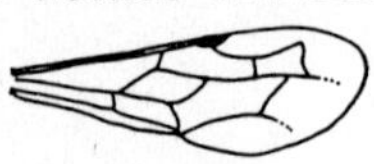

Tiphia sp., Vorderflügel

Mutilla barbara
Familie Ameisenwespen, Mutillidae

Gattungstypisch für Mutilla ist der große, kugelige Kopf. Auf den beiden vordersten Hinterleibssegmenten je drei helle, aus Haaren gebildete Flecke von sehr verschiedener Größe, die auch zu Querbinden zusammenfließen können. Brust und Teile des Kopfes rötlich. Flügel rauchig getönt. Länge 8 bis 18 mm. Solche Grössenunterschiede sind bei Mutilliden normal und wahrscheinlich durch Unterschiede im Futtervorrat für die Larven bedingt.
Barbara ist von Nordafrika durch Südeuropa verbreitet, nördlich bis Wien und Südfrankreich.
Parasit bei Blattschneiderbienen und weiteren Hymenopteren.

Kotwespe Mellinus arvensis
Familie Mellinidae

Beine gelb bis auf die schwarze Schenkelbasis, Flügel gelblich getrübt. Bestimmung am besten über das Flügelgeäder. 12 bis 15 mm. Flugzeit Juli bis September. Auf Sandboden die häufigste Grabwespe. Mellinus beschleicht und überfällt im Sprung Fliegen, die am Rüssel gepackt und in das bis zu 30 cm tiefe Nest gebracht werden. Die Nester stehen meist in Kolonien beisammen als kleine Sandkegel mit zentralem Schacht. Zuweilen brütet Mellinus aber auch in Steilwänden. Pro Larve werden etwa 6 Fliegen eingetragen.

Smicomyrme rufipes
Familie Ameisenwespen, Mutillidae

Brustseiten etwa parallel, eher leicht konkav. Auf der 2. Hinterleibsspange ein heller Haarfleck, auf der dritten (immer von vorne gezählt) eine helle Binde. Winzig, Länge 3 bis 6 mm, selten auch 7 mm. In Mitteleuropa die häufigste Mutillide, aber wegen ihrer Kleinheit meist übersehen. An sandigsonnigen Orten. Die Männchen sind geflügelt und ähnlich haarig, aber anders gezeichnet als die Weibchen. Man trifft sie meist auf Doldenblüten.
Hauptwirte sind die kleinen Grabwespen der Gattungen Oxybelus und Tachysphex.

Tachysphex pompiliformis
Familie Larridae

Auf den ersten Blick einer Grabwespe ähnlich, aber mit völlig anderem Flügeladermuster.
Auch zur Artbestimmung ist die Aderung wichtig: Bei pompiliformis findet sich nahe der Flügelspitze noch eine kleine, geschlossene, dreieckige Zelle. Körperlänge 5 bis 7 mm. Nicht selten in Sandgegenden, Hauptflugzeit Mai.
Die Weibchen tragen die um diese Zeit halbwüchsigen Feldheuschrekkenlarven für ihre Brut ein.

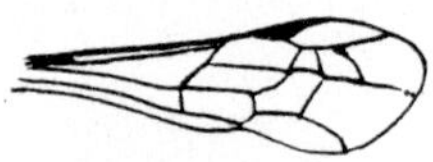

Mellinus sp., Vorderflügel

Sandwespe Ammophila pubescens
Familie Grabwespen, Sphecidae

Bestimmung am besten über das Flügelgeäder, das klar von dem der Zwillingsart sabulosa verschieden ist. Länge 18 bis 28 mm, Flugzeit Juni bis Oktober.
Die Sandwespen leben auf sonnigen, sandigen Heiden. Sie treiben eine sehr wirksame Brutfürsorge und kommen daher mit nur wenigen Eiern aus, nicht mehr als etwa eine Meise. Zunächst graben sie im Sandboden eine Höhle und verschließen sie sorgfältig. Dann suchen sie eine Raupe, wobei ihr Geruchssinn ihnen auch unterirdisch lebende Raupen verrät, die sie ausgraben und durch Stiche lähmen. Dann wird die Raupe zum Nest gebracht, mit einem Ei versorgt, und zum Abschluß wird das Nest sorgfältig verschlossen. Sabulosa bringt eine dicke Raupe, die sie am Boden schleppen muß. Pubescens bringt mehrere leichte Raupen, die sie auf dem Luftweg transportiert, und sie kann die heranwachsende Larve mit Nachschub versorgen.

Spinnentöter Sceliphron destillatorius
Familie Grabwespen, Sphecidae

Ein Punkt an der Flügelwurzel, ein weiterer auf der Brust und die Antennenbasis gelb. 15 bis 20 mm. Flugzeit vom zeitigen Frühjahr bis in den Juni und dann wieder ab August und überwinternd.
Der Spinnentöter baut aus Lehm und Speichel ein kunstvolles Nest, das aus querliegenden, senkrecht übereinander gebauten Lehmzellen besteht, die zum Abschluß der Brutpflege noch mit einer dicken Lehmschicht zugedeckt werden. Die Nester finden sich meist an geschützten Orten an Steinen, oft auch in Gebäuden. Jede Zelle wird mit 4 bis 10 Spinnen gefüllt.

Heuschreckentöter Sphex maxillosus
Familie Grabwespen, Specidae

Brust deutlich behaart, auffälliger weißer Gesichtsfilz. Länge 16 bis 25 mm. Flugzeit Juni bis September, häufig in Südeuropa, nördlich der Alpen sehr lokal in sandigen Heiden.
Heuschreckentöter tragen meist halbwüchsige Laubheuschrecken ein, ausnahmsweise auch Grillen. Von der Brutröhre zweigen mehrere Zellen ab, die jeweils mit einem Ei und einigen Heuschrecken gefüllt werden. Die Opfer werden im Rückwärtsgang an den Fühlern ins Loch gezogen.
An günstigen Stellen können kleine Brutkolonien entstehen.

Spinnentöter Nest

Von außen sieht das fertige Nest des Spinnentöters aus wie ein angetrockneter Lehmklumpen. Löst man ihn von der Unterlage, so erkennt man Zellen verschiedenen Alters. Die jüngsten sind, solange die Brutfürsorge noch nicht abgeschlossen ist, gefüllt mit verschiedenen Spinnen, darunter oft auch solchen, die man trotz sorgfältigen Suchens nicht in der Nähe finden kann. Die Spinnen sind lebensfrisch, aber gelähmt, und bis auf die oberste, vielleicht noch nicht ganz gefüllte Zelle enthalten die jungen Zellen je ein Wespenei. Darunter folgen Zellen mit Larven steigender Grösse, die noch wachsenden gefüllt mit dunkel durchscheinendem Darminhalt, die ausgewachsenen gelb von Fett. Die ältesten Larven haben sich zur Verpuppung einen braunen, pergamentartigen Kokon gesponnen.
Heimisch in ganz Afrika, im Mitteltelmeerraum und nördlich bis zum Neusiedler See.

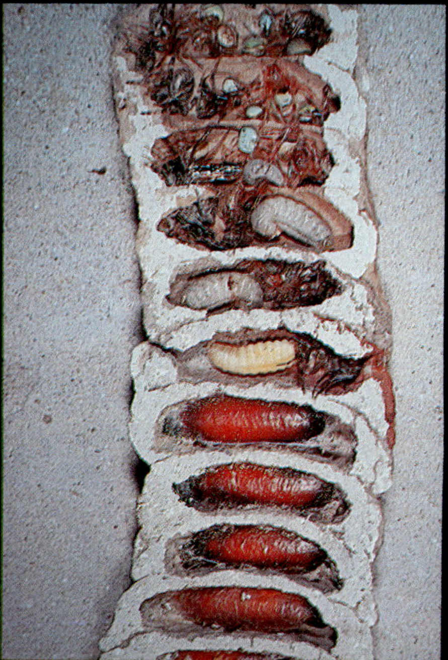

Kreiselwespe Bembex rostrata
Familie Bembecidae

Der "Schnabel" ist ein Gattungsmerkmal. Arttypisch ist die grünlichgelbe Zeichnung, die auf dem Hinterleib vor allem aus wellenförmigen Querstreifen besteht. Mit einer Länge von 12 bis 25 mm die größte mitteleuropäische Grabwespe.
Von Nordafrika bis Südskandinavien verbreitet, aber auf sonnige Lagen mit Lockersandflächen beschränkt, in die die Weibchen ihre Nester graben. Männchen ab Mai, Weibchen bis August.
Die Kreiselwespe gräbt mit einem rasenden Wirbel ihrer Vorderbeine ein Nest in Fließsand, so daß der Eingang hinter ihr gleich wieder zusammenfällt. Sie füttert ihre Larven mit getöteten Fliegen, die ständig nachgereicht werden, wobei den Junglarven kleine, den älteren größere Fliegen vorgelegt werden. Dabei hat die Wespe gleichzeitig mehrere Nester mit Larven verschiedener Größe in Nestern zu versorgen, die von außen in den Sandflächen durch nichts zu erkennen sind.

Crabro cephalotes Weibchen
Familie Crabronidae

Beine gelb bis auf die schwarzen Oberschenkel, die am äußeren Ende gelbe Fleckchen tragen. Kopf und Brust fein grau behaart. Das Gesicht beim Weibchen mit golden glänzender Behaarung, beim Männchen mit Gold- oder Silberglanz. Hinterleibsspangen mit gelben Seitenflecken, die mehr oder weniger zu gelben Bändern zusammenlaufen. 12 bis 15 mm.
Nicht selten in der Nähe von Gebüsch, Flugzeit Juli und August. Die Weibchen nagen Brutgänge in morsches Holz und verproviantieren die Larven mit eingetragenen Fliegen.

Bembex oculata
Familie Bembecidae

Artkennzeichnend ist die schwarzgelbe Hinterleibszeichnung mit schwarzen Aussparungen auf dem zweiten und manchmal auch auf dem 3. Segment. Länge 14 bis 17 mm.
In Sandgegenden in Südeuropa und Nordafrika, Flugzeit Juni und Juli. Wie die Kreiselwespe ein Brüter im Lockersand, der das Nest stets verschüttet. Auch hier wird das Ei ohne Proviant abgelegt, ist aber die Larve geschlüpft, so "erinnert" sich die Mutter an Ort und Zeit und bringt regelmäßig tote Fliegen, bis die Larve erwachsen ist. Sie fertigt dann aus Sand und Seide einen etwa nußförmigen, fast steinharten Kokon, in dem sie überwintert.

Silbermundwespe Crabro cribrarius
Familie Crabronidae

Eine 11 bis 17 mm lange Wespe mit dickem, gerundet viereckigem Kopf und silbrig behaartem Gesichtsschild. Beine kräftig bedornt. Die beiden mittleren gelben Binden auf dem Hinterleib unterbrochen. Sommerflieger.
Die Männchen mit einer tellerartigen Verbreiterung an den Vorderbeinen setzen in ihrem Revier Duftmarken ab, die paarungswillige Weibchen anlocken und leider auch Nebenbuhler. Die Männchen haben 7, die Weibchen 6 Hinterleibsglieder. Sie sitzen gern auf Blättern im Gebüsch und brüten in morschem Holz, seltener auch im Boden und tragen Fliegen ein. Nördlich der Alpen nicht selten, fehlt im Süden.

Bienenwolf Philathus triangulum
Familie Philantidae

Eine Wespe mit dickem Kopf, Antennen kaum länger als die Breite des Kopfes, Gesichtsschild gelb. Auf den ersten Hinterleibsspangen ein schwarzes, nach hinten weisendes Dreieck, das im wissenschaftlichen Namen anklingt. Weibchen 14 bis 17 mm, Männchen 8 bis 10 mm, Flugzeit im Hochsommer.
Der Bienenwolf fällt schon durch seinen ungemein kraftvollen und wendigen Flug mit Schwebestellen in seinem Lebensraum, in sonnigen, sandigen Heiden, dem Besucher auf. Nördlich der Alpen sehr lokal verbreitet. Die Weibchen erbeuten mit überlegener Flugkunst und Kampfkraft Honigbienen, denen sie für ihre Ernährung den Honig ausquetschen und die sie als Larvenfutter in ihre Sandröhren eintragen, Männcheneier bekommen meist 3, Weibcheneier 5 gelähmte Bienen.
Die Larve überwintert unterirdisch in einem flaschenförmigen Kokon und verpuppt sich erst gegen Sommeranfang.

Ampulex compressa
Familie Ampulicidae

Die auffällige Grabwespe (Länge um 10 mm) ist in den Tropen weit verbreitet und erreicht in Griechenland auch den südlichen Mittelmeerraum und Europa. Die Wespen laufen rasch, fliegen aber nur wenig. Für ihre Larven tragen sie gelähmte Schaben in ihre unterirdischen Nester.
Zwei weitere, kleine und unscheinbar schwarze Arten der Gattung Ampulex sind im Mittelmeerraum weit verbreitet und wurden auch schon in Mitteleuropa nachgewiesen, sind aber nirgends häufig.

Sandknotenwespe Cerceris arenaria
Weibchen Familie Philantidae

In die in Mitteleuropa mit knapp einem Dutzend Arten vertretenen Gattung führt der an den Segmentgrenzen deutlich eingeschnürte, reich gelb und schwarz gezeichnete Hinterleib. Arenaria, die mit Abstand häufigste Art ist kenntlich am Gesichtsschild, dessen Vorderrand etwas vorspringt.
Flugzeit bis in den September, wenn sonst keine Grabwespen mehr fliegen. In sandigen Heiden, wo die Weibchen Röhren in den Sand graben, in die sie kleinere Rüsselkäfer eintragen, die durch eine Giftinjektion zwischen die Brustsegmente gelähmt wurden.
Ein südlicher Vertreter der Gattung (Cerceris buprestidica) trägt nur Prachtkäfer ein.
Fotos Rolf Nagel

Fliegenspießwespe Oxybelus uniglumis
Familie Oxybelidae

Die häufigste Art der kleinen Familie, Hinterleib kurz kegelförmig mit elfenbeinweißer Zeichnung, die aber auch fehlen kann. Oberkiefer schwarz, sich in der Ruhestellung überkreuzend. Gesicht silbrig behaart, Länge 4 bis 7 mm. Auf Sandboden eine der häufigsten Grabwespen und eine der ersten: Die Flugzeit beginnt Ende April.
Die ameisengroßen Wespen sind nur im Sonnenschein aktiv. Sie fliegen vor den Füßen auf und landen einige Meter weiter und wenden sich dann dem Eindringling zu, wobei die silbrigen Gesichtshaare in der Sonne aufleuchten. Sie tragen Fliegen ein, die sie beim Transport und beim Graben auf ihren Stachel aufgespießt tragen.

Passaloecus gracilis
Familie Pemphedronidae

Einfarbig schwarz, Hinterleib fast ungestielt, Länge 5 bis 6 mm.
Häufig, aber unauffällig, oft in Gärten, wo die winzigen Wespen in den Bohrlöchern von Holzinsekten brüten. Flugzeit Juni, Juli. Die Wespen schaffen den eventuell vorhandenen Mulm aus dem Bohrloch und tragen Blattläuse ein, die sie durch Bisse in den Nacken bewegungsunfähig machen. Nachdem 20 bis 30 Blattläuse eingetragen sind, werden sie mit einem Ei belegt. Dann verschließt die Wespe den Bohrgang mit einem Deckel aus Harz und legt darüber weitere Zellen an. Schließlich wird das Bohrloch mit Harzklümpchen endgültig verschlossen und dann noch mit Rindenstückchen getarnt. Oft werden die Zellen auch in hohlen Pflanzenstengeln, besonders von Brombeerranken, angelegt.

Anoplius viaticus
Familie Wegwespen, Pompilidae

Die ersten Hinterleibssegmente rot mit schwarzen Rand, der in der Mitte einen Winkel bildet. Auf dem letzen Hinterleibssegment abstehende, steife schwarze Haare. Länge 10 bis 15 mm, Flugzeit April bis September.
In Mitteleuropa die häufigste Wegwespe. Meist läuft sie hüpfend und mit Flügelwippen auf Feldwegen und anderen sonnigen Stellen mit schütterer Vegetation umher. Sie erbeutet und vergräbt Wolfspinnen der Gattungen Lycosa und Pardosa, meist nur die größeren Weibchen. Die Bruthöhle ist einige Zentimeter tief.

Honigwespe Celonites sp.
Familie Honigwespen, Masaridae

In der Familie 12-gliedrige, auffällig keulenförmige Fühler und längsgefaltete Flügel. Unterseite des Hinterleibs flach und mit Seitenkanten. In der südeuropäischen Gattung Celonites sind die Fühler bräunlich mit schwarzer Basis.
Die eigenartigen Wespen sammeln Honig, mit Vorliebe auf Gamander. Sie schaben Blütenstaub mit der Stirnbehaarung zusammen und transportieren ihn im Kropf zu ihren napfförmigen Lehmnestern, die sie in Reihen an Pflanzenstengeln befestigen.

Cryptochilus affinis
Familie Wegwespen, Pompilidae

Körper und Beine mattschwarz, nur die beiden vordersten Segmente des Hinterleibs und die Hälfte des dritten rot. Flügel getrübt mit breit verdunkeltem Saum. Länge 8 bis 16 mm.
Die Wespen stechen die gestellten Spinnen zwischen Brust und Hinterleib oder in die Beinwurzeln. Der Stich führt zu sofortiger Lähmung.
Die Wespe packt sie an einem Bein und schleppt sie im Rückwärtsgang an einen zum Eingraben günstigen Ort. Dort scharrt sie wenige cm unter der Oberfläche eine Nestkammer aus, zerrt die Spinnen diesmal an den Spinnwarzen hinein und heftet ein Ei an den Hinterleib. Dann wird die Nistkammer sorgfältig verschlossen. Die Larve saugt die Spinne aus und spinnt sich einen Kokon, in dem die Puppe überwintert.

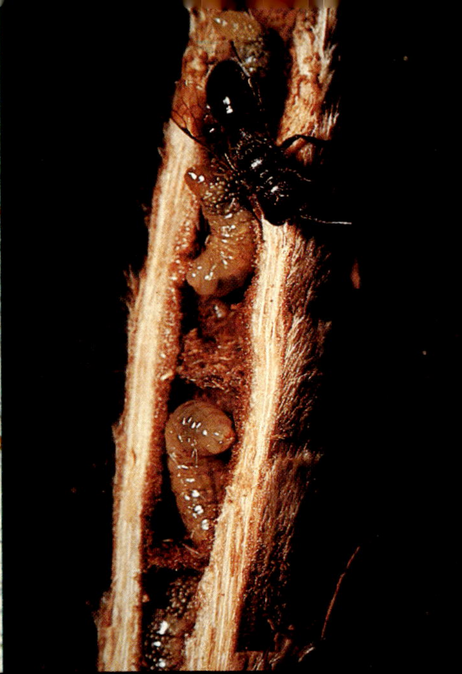

Anoplius carbonarius
Familie Wegwespen, Pompilidae

Einfarbig schwarz, vor allem an Kopf und Brust mit langen, weißgrauen Haaren. 8 bis 11 mm, die Männchen bis 8 mm und mit weißen Marken am Kopf und auf dem letzten Hinterleibsring. Flugzeit Juni, Juli. Oft findet man die Wespen auf dem Laub von Büschen und auf Doldenblüten.
In fast ganz Europa nicht selten.

Anoplius carbonarius Nest

Während die meisten Wegwespen die erbeuteten Spinnen vergraben, fertigt carbonarius in geschützten, dunklen Winkeln, etwa unter hohlliegenden Steinen, unter Brettern und lockerer Baumrinde Larvenkammern mit zarten Lehmwänden. Meist werden Wolfspinnen sowie Spinnen der Gattung Segestria erbeutet und vor dem Eintragen der Beine beraubt. Die abgebildeten Zellen sind bereits von den jungen Wespen aufgenagt worden und waren bei der Aufnahme vielleicht schon viele Jahre alt.

Hemipepsis barbata
Familie Wegwespen, Pompilidae

Länge bis 25 mm und damit die größte europäische Wegwespe. Das Bild zeigt die Flügelhaltung der aktiven, umherlaufenden Wespe. Flugzeit März bis Mai, im südlichen Mittelmeerraum. Als Beute für die Larven werden Taranteln erbeutet und vergraben. Der Stich ist auch für den Menschen sehr schmerzhaft.

Eumenes unguiculata
Familie Lehmwespen, Eumenidae

Kopf und Brust braun gemustert, das zweite Hinterleibssegment mit rostfarbenen Seiten. Weibchen bis 26 mm und damit die größte europäische Eumenes-Art. Mediterran, aber auch schon im Oberrheingraben nachgewiesen.
Das Nest besteht aus mehreren zusammengebauten Zellen auf Steinunterlage und wird abschließend mit Lehm verkleidet, so daß es wie ein ausgetrockneter Schlammklumpen aussieht. Es enthält kleine Raupen. Hauptflugzeit Juni, Juli.

Lehmwespe Odynerus spinipes
Familie Lehmwespen, Eumenidae

In die Gattung führen Flügeladerung und ein Zahn an den Klauen. Arttypisch ist der schwarze Fühlerschaft und der unten etwa gerade Gesichtsschild. 9 bis 12 mm. Flugzeit der Männchen nur im Juni, die Weibchen im Juni und Juli. In Mitteleuropa an Löß- und Lehmwänden nicht selten.
Die Männchen, an ihren eingerollten Antennenenden kenntlich, suchen Nektar an Blüten mit offen liegenden Nektarquellen.

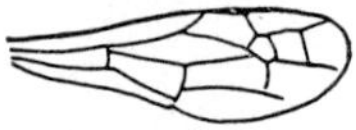

Odynerus sp., Vorderflügel

Pillenwespe Eumenes coarctatus
Familie Lehmwespen, Eumenidae

Einzige Art der Gattung in Mitteleuropa mit unverwechselbar schmal glockenförmigem 1. Hinterleibssegment. 10 bis 16 mm. In Südeuropa gibt es mehrere sehr ähnliche Arten. Hauptflugzeit Juni, Juli. Die Weibchen fertigen urnenförmige Lehmnester von etwa 10 mm Durchmesser an Steinen, oft in Ställen oder unter Brücken, aber auch an Halmen. Sie werden gefüllt mit kleinen, durch einen Stich gelähmten Spannerraupen, über denen das Ei an einem Faden aufgehängt wird. Die Junglarve bleibt zunächst mit dem Hinterleibsende in der Eischale hängen und saugt in dieser Position die Futtertiere aus.
Die Nester der Pillenwespen sind häufig von Feuergoldwespen parasitiert.

Lehmwespe Nest
Odynerus spinipes brütet kolonieweise in Löß- und Lehmwänden. Die Weibchen fertigen aus dem Aushub eine kranartig gebogene Eingangsröhre, deren Bedeutung unbekannt ist und die vom nächsten Regenguß fortgespült wird. Vielleicht wird so der Aushub gespeichert, um nach dem **Abschluß** der Brutfürsorge die Neströhre zu verschließen. Ganz ähnliche Röhren werden übrigens auch von der Pelzbiene Antophora parietina hergestellt.
Spinipes trägt Rüsselkäferlarven der Gattung Phytonomus ein und hängt, wie bei den Eumeniden üblich, das Ei an einem Faden über den gelähmten Futtertieren auf.

Eumenes arbustorum Nest
Familie Lehmwespen, Eumenidae

Die Anlage besteht aus 4 bis 6 aneinandergebauten Zellen von je etwa 15 mm Durchmesser. Das Nest ist mit Steinchen belegt, was die Beständigkeit gegen Regengüsse erhöhen soll.
Die Wespe ist eine der größten Eumenes-Arten mit 15 bis 18 mm Länge und von den im Mittelmeerraum zahlreichen anderen Arten an der Form des Gesichtsschildes zu unterscheiden: Er ist nach unten vorgewölbt, während er bei den anderen Arten etwas konkav ist. Häufig in Südeuropa, nordwärts bis nach Mitteleuropa.

Eumenes sp., Kopf

Gymnomerus laevipes Männchen
Familie Lehmwespen, Eumenidae

Bestimmung in beiden Geschlechtern nach dem Umriß der Brust mit den betonten Schultern. Männchen mit eingerollten Fühlerspitzen. Länge 8 bis 11 mm, Flugzeit Mai bis September in sonnigen Lagen mit hoher Krautschicht. Die Männchen findet man meist auf den Blüten von Faulbaum und Brombeere und weiteren Blüten mit leicht zugänglichem Nektar. Die Weibchen brüten meist in hohlen Pflanzenstengeln und tragen nach Art der Familie kleine Raupen ein.

Delta emarginatum
Familie Lehmwespen, Eumenidae

Diese bis 25 mm lange Wespe ist auf den Umschlagseiten vorgestellt und unverwechselbar. Sie ist in den Tropen weit verbreitet und geht nordwärts bis in den südlichsten Mittelmeerraum. Sie fertigt Lehmnester, die nach der Fertigstellung wie ein angetrockneter Schlammklumpen aussehen, innen aber in zahlreichen Kammern gelähmte Eulenraupen enthalten. Der Bau wird vor allem mit den als Maurerkelle benutzen Oberkiefern ausgeführt und den Körpermaßen angemessen. Brutzeit in der lokalen Regenzeit.

Polistes bimaculatus
Familie Soziale Faltenwespen

Im Unterschied zu gallicus und nimpha mit schwarzen Wangen, die allenfalls bei manchen Tieren einen gelben Fleck tragen. Fühler auf der Oberseite schwarz, Gesichtsschild gelb mit schwarzer Querbinde (wie bei nimpha). 15 bis 17 mm.
Bimaculatus geht am höchsten in den Alpen und am weitesten nach Norden (bis Norwegen), kommt aber auch in trockenwarmen Biotopen vor. Sie baut ihre Nester meist an Felsen und Mauern, die von der Morgensonne erwärmt werden.

Polistes bimaculatus-Nest
Das Nest von bimaculatus ist leicht von den Nestern der anderen Feldwespen zu unterscheiden, weil die Larven zur Verpuppung ihre Seidenkuppel nicht auf dem Rand der Zelle ansetzen, sondern einige mm tiefer. Außerdem sind die mittleren Zellen tiefer als die Randzellen, so daß die Wabe von der Seite gesehen nicht flach erscheint, sondern in der Mitte verdickt.
Polistes nimpha baut hellgraue bis gelbliche Nester an Pflanzenstengel (gerne im Schilf), die über 100 Zellen enthalten können, während Polistes gallicus mit Vorliebe an dunklen Orten, unter Dächern, hohlliegenden Steinen oder Bretterstapeln baut. Bei ihr sind die Zellen am Rand der flachen Wabe fast kreisrund.

Feldwespe Polistes gallicus
Soziale Faltenwespen, Vespidae

Gesichtschild meist rein gelb, zuweilen mit einem kleinen schwarzen Punkt in der Mitte und etwa so breit wie hoch, Wangen gelb, ebenso die hinterste Spange auf der Unterseite des Hinterleibs. Antennen orangerot, Körperlänge meist 15 bis 17 mm.
Nördlich der Alpen vielerorts die häufigste Feldwespe. Ihr Nest, gewöhnlich an dunklen Orten errichtet, ist dunkelgrau und enthält gewöhnlich nicht mehr als 50 Zellen. Die Wespen tragen an heißen Tagen Wasser ein, das ein "lebender Ventilator" mit Flügelschwirren zum Verdunsten bringt, um das Nest zu kühlen.

Polistes nimpha
Soziale Faltenwespen, Vespidae

Gesichtsschild gelb mit einem schwarzen, querliegenden Mittelfleck, Wangen gelb, die letzte Spange auf der Bauchseite des Hinterleibs schwarz. Länge 15 bis 17 mm.
Nimpha geht weiter nördlich als gallicus und löst diese Art vielerorts als häufigste Art ab. Ihr Nest ist hell, flach und wird meist in 10 bis 20 cm Höhe an einem Stengel befestigt. Mancherorts fliegen nimpha und gallicus auf der gleichen Wiese.

Polistes omissus
Familie Soziale Faltenwespen
Vespidae

Im Mittelmeerraum kommt außer den 3 mitteleuropäischen Arten gallicus, nimpha und bimaculatus noch rund ein halbes Dutzend weiterer, meist schwer zu bestimmender Arten vor. Unverwechselbar ist von diesen die Art omissus, die bis nach Südfrankreich und bis an den Alpensüdrand verbreitet ist. Die Wespen sind mit 11 bis 15 mm deutlich kleiner als die mitteleuropäischen Arten, die Wangen sind schwarz (nur manchmal findet sich ein kleiner gelber Fleck am Augenrand), und der Gesichtsschild ist breiter als hoch und trägt keine abstehenden Borsten. Gewöhnlich selten, meist in Feuchtwiesen.

Orientalische Hornisse
Vespa orientalis
Fam. Soziale Faltenwespen,
Vespidae

Körperzeichnung gelb und rot, nur 2 gelbe Hinterleibsringe. Arbeiterinnen bis 30, Königin bis 35 mm. Nicht selten in Steppenbiotopen im südlichen Südeuropa. Die Orientalische Hornisse legt ihre Nester in ihrem baumlosen Lebensraum gewöhnlich in den Erdbauten von Kleinnagern an, sie sind lange nicht so volkreich wie Hornissennester, und ihre Bewohner sind noch weniger angriffslustig.

Hornisse Vespa crabro
Soziale Faltenwespen
Vespidae

Hinterleib schwarzgelb, Brust je nach Rasse mehr oder weniger rostrot. Arbeiterinnen 18 bis 23 mm, das ist etwa die Größe einer Wespenkönigin. Von den Vespula-Arten aber leicht zu unterscheiden an der Kopfform: Nur bei der Gattung Vespa liegen die Augen, von der Seite gesehen, auf der vorderen Kopfhälfte.
Die Hornissen sind in warmen Nächten auch bei Mondschein unterwegs. Sie sind gierig auf süße Säfte, schälen des Baumsaftes wegen vor allem im Frühherbst Pappeln und Weiden, aber sie sind auch erfolgreiche Insektenjäger. Sie erbeuten Fliegen, Heuschrekken, Raupen, Libellen, Wespen und Bienen, die sie meist zu einem Fleischklumpen zerkauen und zum Nest bringen. An einem schönen Spätsommertag bringen sie Tausende von Beutetieren zum Nest.

Hornissennest

Die Königin beginnt meist im Mai, machmal auch erst im Juni mit dem Nestbau an einem dunklen Ort, einem Speicher, hohlen Baum, Nistkasten, selten auch einer Erdhöhle oder gar im Freien.
In ungewöhnlich warmen Sommern und guter Lage kann das Nest im Spätsommer die Größe eines Putzeimers erreichen. Die Wände enthalten zahlreiche Luftkammern und sind so wärmedämmend, daß die Wärme in Inneren stets deutlich über der Außentemperatur liegt. Die Streifung der Wände entsteht durch Verarbeitung von verschiedenfarbigem Holz. Jeder Streifen ist das Ergebnis von einer Ladung Baumaterial, das die Arbeiterin, auf der Kante reitend und rückwärts schreitend, mit den Mandibeln zu einem Mauerstreifen ausknetet. Im Laufe des Novembers stirbt die Bevölkerung den Alterstod.
Die Hornisse gehört zu den bedrohten Arten und bedarf des Schutzes.

Mittlere Wespe Dolichovespula media
Soziale Faltenwespen, Vespidae

Die einzige Langkopfwespe mit gelb gefüllter Augenbucht. Arbeiterinnen 15 bis 19 mm, also bis zur Größe kleiner Hornissen, denen sie auch sonst recht ähnlich sehen. Ein Blick auf die Kopfform schließt dann aber jede Verwechselung aus. Hauptflugzeit Juni bis Oktober. Die Mittlere Wespe ist eine wetterharte Art, die nördlich bis zum Polarkreis vorkommt und im Süden auf die kühleren Gebirgslagen beschränkt ist. Männchen trifft man vor allem im August, zuweilen auch noch im September.
Oberes Foto: Rolf Nagel

Mittlere Wespe Nest

Die Mittlere Wespe baut ihr Nest in dichtes Laubwerk von Büschen, zuweilen auch hoch in Bäumen und zuweilen an Felswänden. Es erreicht höchstens Kindskopfgröße und beherbergt nur selten mehr als 150 Bewohner. Hauptbaustoff ist Pappelrinde. Das kleine Schlupfloch liegt etwas zur Windschattenseite verschoben und ist bei manchen Nestern zu einer Art Kragen verlängert.

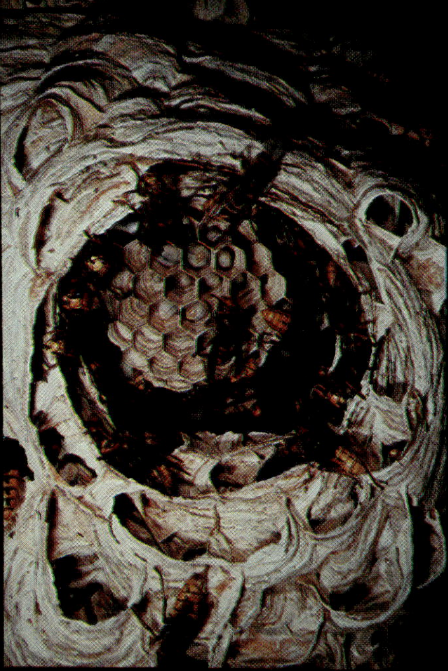

Gemeine Wespe Puppen

Die Wespen bauen die Waben vom Zentrum aus nach außen, der Mittelpunkt ist also der älteste Teil der Wabe, und darum liegen in Ringen immer jüngere Abschnitte. Da die Zellen gleich nach der Fertigstellung mit einem Ei belegt werden, so ergibt ein Querschnitt durch die Wabe zugleich einen Querschnitt durch ein Wespenleben: Außen die stiftförmigen Eier, daran anschließend nach innen immer größer werdende Larven, die ältesten bereits unter einer Seidenkuppel eingesponnen. Dann erst weiße, später die Wespentracht annehmende Puppen, ganz innen fertige Wespen, die die wirklich nur hauchzarte Puppenhülle abgestreift haben und sich, noch blaß gefärbt, daranmachen, den Kokon aufzubeißen.

Nest der **Sächsischen Wespe**

Saxonica baut mit Vorliebe in Scheunen und Dachgebälk, zuweilen auch in Vogelnistkästen. Das zierlich birnenförmige, graue Nest wird selten mehr als doppelt faustgroß und wird bereits im Laufe des Augusts von den jungen Königinnen verlassen. An seinem geschützten Standort halten sich die Nester vieler Jahre und können sich dann in größerer Zahl beisammen finden, und zwar in allen Stufen der Vollendung, da es oft vorkommt, daß die Königin umkommt, ehe sie das Nest fertigbauen konnte.

Sächsische Wespe Dolicovespula saxonica
Soziale Faltenwespen, Vespidae

Eine Langkopfwespe mit zwar variabler, aber doch markanter Zeichnung des Gesichtsschilds. Arbeiterinnen 11 bis 14 mm. Nicht selten.
Die Sächsische Wespe nistet fast nur an schattigen, aber nicht zu dunklen Stellen in Gebäuden, meist im Dachgebälk von Scheunen, Jagdhütten, Gartenhäusern. Obwohl ihre Nester doppelt faustgroß werden und viele hundert Insassen haben können, so fallen die Wespen doch wenig auf, weil sie wenig angriffslustig sind.
Die Sächsische Wespe ist ein Sommertier: Die Königin beginnt meist im Mai mit dem Nestbau, im Juli erreicht das Volk seine größte Stärke, und im August stirbt es schon aus.

Gemeine Wespe Paravespula vulgaris
Fam. Soziale Faltenwespen, Vespidae

Bestes Kennzeichen dieser Kurzkopfwespe ist der schwarze, zackige Längsstrich auf dem Gesichtsschild. Länge 11 bis 14 mm. Mancherorts die häufigste und wegen ihrer Aufdringlichkeit und Naschhaftigkeit verhaßte Wespe. Die ersten Arbeiter erscheinen im Mai, später können sich in guten Lagen in einem Nest über 10 000 Arbeiterinnen entwickeln, die letzten sterben im November. Ihr Stachel ist mit Widerhaken besetzt, bleibt aber nicht stecken, da er eine Schnittwunde erzeugt. Bei der Nestverteidigung spritzen die Wespen gegen den Angreifer Gift, dessen Duft alle Wächter in Angriffsstimmung versetzt. Nest stets unterirdisch.

Deutsche Wespe Paravespula germanica
Fam. Soziale Faltenwespen Vespidae

Eine Kurzkopfwespe mit drei schwarzen Punkten auf dem Gesichtsschild. Auf den Hinterleibsspangen ein schwarzer Innenrand mit einem aufgesetzten schwarzen Pfeilzeichen oder Dreieck. Arbeiterinnen 14 bis 18 mm. Vielerorts sehr häufig und aufdringlich, auch in Afrika und Asien zu Hause se. Die unterirdisch angelegten Nester können in warmen Sommern und günstiger Lage gut eimergroß werden und im Frühherbst viele tausend Tiere berherbergen. Im Oktober bricht der Staat zusammen, in den Tropen kann er aber auch über Jahre hin Bestand haben.

Deutsche Wespe Männchen

Wie in der ganzen Familie sind die Männchen an den deutlich längeren Fühlern zu erkennen, der Hinterleib endet stumpf, und sie sind mit 13 bis 17 mm etwas größer als die Arbeiterinnen, aber deutlich kleiner als die bis 20 mm langen Königinnen.
In einem Nest werden ab dem Spätsommer einige hundert Männchen herangezogen, sie entwickeln sich aus unbefruchteten Eiern. Mitte August erscheinen die ersten Männchen außerhalb der Nester und treiben sich auf den letzten Blüten herum. Die Hauptpaarungszeit ist aber der Oktober um die Zeit der Laubverfärbung. Die letzten verklammten Männchen findet man in milden Wintern noch bis in die Weihnachtszeit.

Rote Wespe Paravespula rufa
Fam. Soziale Faltenwespen, Vespidae

Eine Kurzkopfwespe mit roten Flecken am ersten und zweiten Hinterleibsring. Arbeiterinnen 10 bis 14 mm. Die ersten Arbeiterinnen fliegen im Juni, die letzten im September. Das Nest wird stets unterirdisch angelegt und enthält 3 bis 4 Waben mit höchstens einigen hundert Zellen.
Die Rote Wespe ist von Skandinavien bis in die Gebirge Südeuropas verbreitet, aber wenig auffällig, da sie nicht in Wohnungen eindringt und meist auch nicht häufig ist.

Halictus rubicundus Weibchen
Familie Furchenbienen, Halictinae

In die artenreiche Gattung Halictus führt die Flügeladerung: Die durch einen Pfeil markierte Ader ist nur bei Halictus stark gekrümmt. Der Name Furchenbienen benennt ein weiteres Bestimmungsmerkmal: Bei den Weibchen findet sich auf der 5. Rückenspange des Hinterleibs eine kahle Längsfurche. Rubicundus-Weibchen sind kenntlich an den gelben und gelb behaarten Füßen und vor allem an den schmalen, aus dichten, anliegenden weißen Haaren gebildeten Endbinden auf den Hinterleibsspangen. Länge 8 bis 12 mm; nicht selten, besonders auf Magerrasen in sonnnigen, sandigen Lagen.

Halictus calceatus
Familie Furchenbienen, Halictinae

Artbestimmung unter dem Mikroskop über die Punktierung der vordersten (ersten) Hinterleibsspange, die hier nur sehr spärlich ausgeprägt ist. Körperlänge 7,5 bis 10 mm. Bei manchen Individuen sind die 3 vordersten Hinterleibsspangen braunrot gefärbt. Calceatus ist eine der häufigsten Solitärbienen und bevölkert vom Frühling bis in den Herbst die blühenden Wiesen in großer Zahl. Im Spätsommer treten Männchen auf, die sich - niemand weiß warum - allabendlich an den gleichen Halmen oder Blütenköpfen zu manchmal großen Schlafgemeinschaften zusammenfinden.

Halictus-Larve

Die Larven der Hautflügler mit Ausnahme der Blattwespen sind fuß-, augen- und farblos, also typische Maden. Im Unterschied zu den Maden der Fliegen besitzen sie aber eine, wenn auch kleine und zarte, Kopfkapsel mit Kiefern, deren braune, harte Spitzen sich meist deutlich von der weißen Grundfärbung abheben.

Bienenlarven ernähren sich von Blütenstaub, der das zum Körperaufbau nötige Eiweiß enthält, und von Nektar, beides Zutaten, die die Blüte nur in kleiner Menge und nur für kurze Zeit anbietet, so daß sie nur von fliegenden Tieren genutzt werden können, sie wären also für die von Natur aus flügellosen Larven unerreichbar, gäbe es nicht die Brutpflege durch die Bienenmütter.

Halictus-Ei

Am Beispiel der Gattung Halictus seien die frühen Stadien der Wildbienen vorgestellt. In dieser Gattung überwintern meist nur die Weibchen. Im Frühjahr bohren sie einen Brutgang in lockeren Boden, von dem Brutzellen abzweigen. In jeder Brutzelle formen sie aus einem Teig aus Blütenstaub und Nektar (Bienenbrot) eine Kugel, die sie mit einem Ei belegen. Die Eier sind länglich und leicht gekrümmt (in der Imkersprache Stifte genannt).

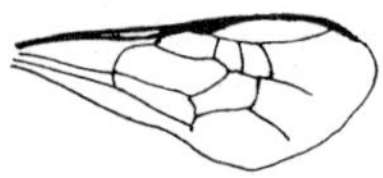

Halictus sp., Vorderflügel

Halictus Puppe

Die Puppen der Hautflügler ruhen gewöhnlich gut geschützt in Höhlen oder zumindest in festen Kokons, sie können daher auf jede Panzerung verzichten. Ihre Gliedmaßen sind zwar noch plump und stummelhaft, sind aber nicht mit dem Körper verbunden (freie Puppen). Die reifen Larven der Bienen spinnen vor der Verpuppung ihre Zelle aus oder überziehen die Wände, wie bei der Gattung Halictus, mit einem hauchdünnen, pergamentartigen Drüsensekret.
Bei den meisten Arten überwintert die verpuppungsreife Larve in der Puppenkammer und verpuppt sich erst kurz vor Beginn der Flugzeit. Bei Halictus ist das nicht der Fall. Aus den von den überwinterten Weibchen abstammenden Larven entwickeln sich im Sommer Männchen und Weibchen, von denen dann nur die Weibchen überwintern.

Nest von **Halictus quadricinctus**
Unterfam. Furchenbienen Halictinae

Die Schmal- oder Furchenbienen sind Bodenbrüter, die einen bis halbmetertiefen, ausnahmsweise aber auch bis zu 2 Meter tiefen Schacht graben, an dessen Ende sie Zellen in die Seitenwände graben, deren Wände sie mit Wachs oder Speichel verfestigen. Einige Arten wie quadricinctus graben dann rings um die Erdwabe den Boden bis auf einige Stützpfeiler ab, vielleicht als Schutz vor zu großer Durchfeuchtung.

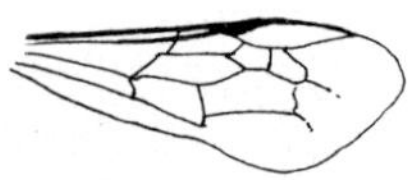

Colletes sp., Vorderflügel

Seidenbiene Colletes mlokossewiczi
Unterfam. Seidenbienen Colletinae

Die Gattung enthält düster gefärbte Bienen mit behaartem Hinterleib und gattungstypischer Flügeladerung. Die Art ist weißgrau behaart, und ihre Brust ist hinten fast glatt mit einzelnen Punkten. Die Seidenbienen sind typische Steppentiere, unsere Art ist im Mittelmeerraum verbreitet und geht nordwärts bis in die Steppenbiotope im Burgenland.
Die Seidenbienen tragen Pflanzenwolle ein und fertigen daraus in der Erde gut gepolsterte Nester. Die Biene in unseren Bild hat offenbar die Kontrolle über die eingesammelten Wollmassen etwas verloren.
Flugzeit Hoch- und Spätsommer.

Maskenbiene Prosopis nigrita
Unterfam. Seidenbienen Colletinae

Die Gattung Prosopis ist in Mitteleuropa mit über 30 schwer zu bestimmenden Arten vertreten. Bei nigrita sind die Wangenflecken länglich dreieckig und liegen den Augen an. Länge 7 mm.
Die Weibchen legen ihre Zellen in Erdspalten an und füllen sie mit Blütenstaub und Nektar, den sie im Kropf transportieren. Die Zellen sind durchscheinend und bestehen aus erhärtetem Schleim.

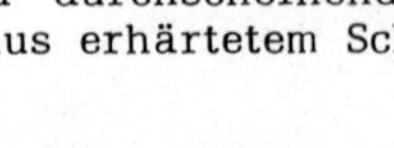

Prosopis sp., Vorderflügel

Prosopis hyalinata
Unterfam. Seidenbienen Colletinae

Das Ausmaß der elfenbeinweißen Gesichtsmaske ist variabel, genügt aber zusammen mit Kopfform und Augenstellung zur Artbestimmung.
Die Bienen tragen den Blütenstaub im Kropf und nicht in den Körperhaaren, sie sind kaum behaart und wirken dadurch wespenartig.
Länge 5,5 bis 6,5 mm. Mit eigenartigem, arttypischem Geruch.
Die kleinen Bienen sammeln meist auf Doldenblüten und brüten teils in hohlen Stengeln, teils in von anderen Insekten gegrabenen Gängen. Die Brutröhre wird mit einem pergamentartig erstarrenden Sekret ausgekleidet und mit einem häutigen Deckel verschlossen, den später die schlüpfende Biene abhebt.

Seidenbiene Colletes daviesanus
Unterfam. Seidenbienen Colletinae

Kopfschild dicht und lang behaart. Die Wangen sind etwa 1/3 so lang wie die Breite der Oberkieferbasis. 8 bis 11 mm, Flugzeit Juli und August.
Brut in Lehm- und Sandwänden, wo die Bienen aus einem Sekret der Speicheldrüsen seidig glänzende Zellen fertigen. Beinsammler. Die Bienen verströmen einen starken Geruch, an dem man die Art erkennen kann.
Die Gattung Colletes enthält in Mitteleuropa rund 20 Arten, von denen die häufigste, Colletes cunicularis, bis 15 mm lang wird und im zeitigen Frühjahr an blühenden Weiden zu finden ist.

Hosenbiene Dasypoda hirtipes
Unterfamilie Mellitinae

Schwarz, der Hinterleib durch Binden aus anliegenden Haaren quergestreift, letztes Beinpaar mit auffallenden "Hosen". Länge 9 bis 15 mm, Männchen hosenlos.
In Sandgegenden, Flugzeit Juni, Juli. Die Weibchen graben bis 50 cm tiefe Gänge, wobei sie den Aushub vor dem Höhleneingang rückwärts schreitend ausbreiten, indem sie den Sand mit dem ersten Beinpaar unter dem Körper durch nach hinten werfen und dann mit den Hosen zur Seite fegen. So entsteht eine typische Spur im Sand. Die Zellen liegen als Traube an den Enden kurzer Quergänge. Sie enthalten eine aus Honig und Blütenstaub geformte Kugel von etwa 1/3 Gramm, die auf drei kurzen Beinen steht.
Die Weibchen sammeln vor allem auf pollenreichen Blüten und tragen bis zur Hälfte ihres Eigengewichts. 8 Pollenfuhren genügen für eine Brutzelle.

Zottelbiene Panurgus calcaratus
Unterfamilie Andreninae

Die Gattung enthält kleine schwarze Bienen mit typischem Flügelgeäder. Bei calcaratus sind die Männchen leicht an einem Zahn am letzten Beinpaar zu erkennen; der Hinterrand der Hinterleibsspangen ist in beiden Geschlechtern fein quergestrichelt. Länge 8 bis 9 mm, Sommerflieger, fast überall häufig. Die Bienen sammeln fast ausschließlich auf Korbblütlern, vor allem auf Habichtskraut, wo sie sich oft über und über mit Blütenstaub einpudern, den sie dann in ihrem Nest vom Körper streifen.

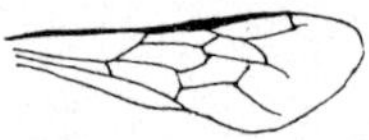

Panurgus sp., Vorderflügel

Andrena nitida Weibchen
Unterfam. Sandbienen Andreninae

Brust oben rostrot, unten weißgrau behaart. Die Färbung verbleicht schon zu Lebzeiten, und die Haare fallen leicht aus, so daß alte Bienen nur schlecht zu bestimmen sind. Gesicht unten weiß, über den Antennen schwarz behaart. Mit 14 bis 16 mm eine der größten Andrena-Arten. Sehr schön sieht man auf dem Bild die Haarlocke am Schenkelring des letzten Beinpaares, das Kennzeichen der Gattung Andrena.
Nitida ist häufig in Wiesen, Buschland und Gärten. Sie fliegt von März bis Juni in einer Generation und sammelt anfangs an Weiden, später meist an Löwenzahn.

Sandbiene Andrena vaga
Unterfam. Sandbienen Andreninae

Gesicht und Brust weißgrau bepelzt, Hinterleib schwarz und spärlich behaart. Länge bis 18 mm.
Flugzeit im April an sandigen, südexponierten Hängen, wo sich Kolonien von Hunderten bis Tausenden von Bienen bilden können. Anfang April ist Paarungszeit, und die Männchen kugeln mit den Weibchen am Boden herum. Wenig später verschwinden die Männchen, und die Weibchen graben ihre bis zu 50 cm tiefen Brutröhren in den Sand. Sie sammeln an Weiden und tragen den Pollen in "Höschen" an den Hinterbeinen. Ab Anfang Mai liegen die Kolonien verlassen.

Blutbiene Sphecodes sp.
Unterfam. Nomadinae

In Mitteleuropa 24 einander sehr ähnliche Arten, die etwa nach der Zahl der Häkchen, mit denen Vorder- und Hinterflügel verbunden sind, bestimmt werden. Im Bild, wenn auch nicht erkennbar, die Art Sp. ephippius. Die kleinsten Arten um 5, die größten bis 11 mm.
Kuckucksbienen bei Halictus, selten auch bei Andrena-Arten. Die Bienen dringen, zuweilen mit Gewalt und nicht selten sogar, nachdem die Eigentümerin getötet wurde, in das halbfertige Nest ein, legen ihre Eier in die mit Vorrat gefüllten Zellen und verschließen das Nest, ein letzter Rest von Nestbauinstinkt.

Andrena fulva
Unterfam. Sandbienen Andreninae

Brust und Hinterleibsrücken gelbrot behaart, Kopf, Beine und Unterseite mit schwarzen Haaren. Länge 12 bis 14 mm. Nördlich der Alpen die häufigste Art der Gattung, die bei uns über 150 schwierig zu bestimmende Arten enthält. Frühjahrsflieger, anfangs an späten Weiden, später besonders an Johannisbeeren und Blaubeeren. Brut in einem senkrecht in den Boden führenden Gang, von dem Seitenzellen mit Pollenfüllung abzweigen. Nach dem Abschluß der Arbeiten wird der Schacht mit Sand verfüllt.

Kuckucksbiene
Nomada lathburiana
Unterfam. Nomadinae

Die Bienen der Gattung Nomada tragen selber keine Vorräte ein, sondern legen ihr Ei an die Pollenvorräte anderer Bienen. Sie haben keinen Sammelapparat und wirken meist etwas wespenartig. Sie fallen an den Brutplätzen der Solitärbienen auf, weil sie dort langsam und niedrig umherfliegen. Lathburinana ist häufig in den Kolonien der Sandbiene Andrena vaga, wo sie in der 2. Hälfte der Flugzeit erscheint und auch noch fliegt, wenn die Wirtsbienen schon verschwunden sind.
In die Gattung führt das Flügelgeäder, die Artbestimmung ist schwierig. Bei lathburiana ist das 2. Geißelglied um 1/4 länger als das 3., Kopf und Brust sind abstehend rotgelb behaart, an den Hinterschienen finden sich einige stumpfe Dornen. Die Bienen suchen ihre Nahrung auf Weidenkätzchen und Fingerkraut, sind aber nicht oft beim Blütenbesuch zu sehen.

Nomada lineola
Unterfam. Nomadinae

Vom Vorfrühling an eine der häufigsten Nomada-Arten, die in 2 Generationen bis in den Spätsommer fliegt. An den Tibien der Hinterbeine eine Reihe dicht stehender, langer schwarzer Dornen. 10 bis 12 mm. Die Färbung ist sehr variabel, aber immer sind auf der Brust 6 knopfartig erhabene auffallende gelbe Flecke vorhanden. Lineola ist Brutparasit bei vielen Andrena-Arten.

Nomada roberjeotiani
Unterfam. Nomadinae

Antennen bräunlich mit schwarzem Grundglied, Flügel rauchgrau. Das erste Hinterleibssegment rostrot mit schwarzer Basis, Beine bräunlich mit schwarzem Ansatz. 6 bis 7 mm. Flugzeit Juli, August, in Mitteleuropa zerstreut an warmen Orten.
Brutparasit vor allem bei Sandbienen. Die Kuckucksbienen treiben sich meist in der Umgebung von Sandbienennestern herum, dringen in einem unbewachten Moment in ein Bienennest ein und legen ihr Ei an den Pollenvorrat. Kommt es zur Begegnung mit den Wirten, so wird die Nomada nicht beachtet.

Blattschneiderbiene
Megachile centuncularis
Unterfamilie Megachilinae

Bauchbürste einfarbig braunrot, Hinterleibsrücken mit Binden aus anliegenden Haaren, Länge 11 bis 12 mm, Hauptflugzeit Juli, August, nicht selten.
Die Anwesenheit der Bienen verrät sich meist nur durch die Spuren ihres Nestbaus: In die Blätter von Wild- und Gartenrosen sind teils eiförmige, teils aber auch runde Löcher eingeschnitten.
Die Bienen sammeln vor allem auf Korbblütlern und (wie im Bild) auf Skabiosen. Sie streichen mit der Bauchbürste über die Staubgefäße, bis sie dick mit Pollen beladen ist, im Nest bürsten sie den Pollen dann mit den Hinterbeinen ab.

Megachile centuncularis Nest

Die Nester werden meist unter hohlliegenden Steinen, aber auch in Bohrlöchern in totem Holz oder in hohlen Pflanzenstengeln angelegt. Sie bestehen aus einer Reihe von fingerhutförmigen, ineinandersteckenden Zellen aus Blattstückchen, bei unserer Art aus Rosenblättern. Jede Zelle besteht aus der gleichen Zahl von Blattstükken, ovalen für die Wände und runden für Boden und Deckel.
Die knapp 20 mitteleuropäischen Megachile-Arten bevorzugen verschiedene Pflanzen. Circumcinctus schneidet nur Birkenlaub, analis Birken und Eichen, maritima ist auf Flieder spezialisiert.

Osmia bicolor
Unterfamilie Megachilinae

Kopf und Brust schwarz, der Hinterleib und die Bauchbürste fuchsrot behaart, Länge um 10 mm. Flugzeit März, April. Gerne an Veilchen. Der Blütenstaub wird in den Borsten auf der Unterseite des Hinterleibs, der "Bauchbürste", transportiert. Nicht selten in lichten Wäldern und Buschland.

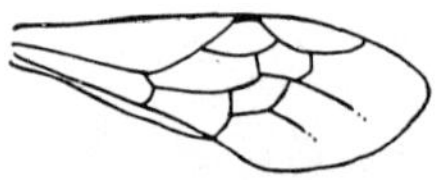

Osmia sp., Vorderflügel

Tapezierbiene
Osmia rhodoensis
Unterfamilie Megachilinae

Hinterleib im Querschnitt rund, Bauchsammler, Körperlänge 8 bis 10 mm.
Die Tapezierbienen leben vor allem in Steppenbiotopen (rhodoensis im südöstlichen Mittelmeerraum) vor allem auf blumenreichen Brachäckern, Flugzeit Juni,Juli. Die Weibchen graben eine wenige cm tiefe Brutröhre in den Boden oder legen ihr Nest in irgendwelchen Ritzen an. Sie legen es mit Blütenblättern aus, die sie von frischen Blüten schneiden. Den so geformten Krug füllen sie mit der Larvennahrung und verschließen die Zelle nach der Eiablage mit Blütenteilen; meist wird das Nest anschließend zugescharrt. Manche Arten sind Koloniebrüter.

Osmia bicolor Nest geöffnet

Bicolor legt ihre Nester in verlassenen, am Boden in der Sonne liegenden Schneckenhäusern an, und durch Kontrollieren der Schneckenhäuser läßt sich die Anwesenheit der Biene am besten nachweisen. Die einzelnen Zellen werden durch Querwände aus zerkautem Pflanzenmaterial abgetrennt und die Öffnung wird zum Schluß durch einen dicken Propf aus dem gleichen Material verschlossen. Aus den zuletzt gelegten Eiern schlüpfen Männchen, die später als erste das Nest verlassen. Die Weibchen bilden den Schluß. Die Biene kann folglich wahlweise Männcheneier wie Weibcheneier legen. Zuweilen wird das Schneckenhaus noch mit Halmen getarnt, andere Arten schleppen es sogar an einen günstigen Ort oder graben es ein.

Osmia rufa Weibchen
Unterfamilie Megachilinae

Zottig rötlich behaart, auf der Stirn zwei geweihartige Hörner, Länge 9 bis 14 mm. Flugzeit Mai bis August.
Die Art gehört zu den Mauerbienen, die ihre Nester aus Erde errichten. Im Hochsommer findet man die Weibchen an Pfützen in blumenreicher Umgebung, wo sie Schlammklümpchen losbeißen und im Flug abtransportieren. Sie nisten in hohlen Pflanzenstengeln, etwa in Schilfhalmen sowie in den Fraßgängen von Holzinsekten, wo sie eine Zellreihe fertigen, deren Trennwände aus Erde bestehen.

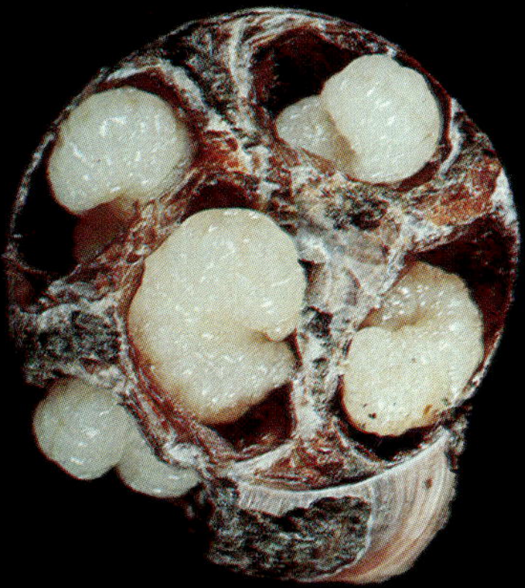

Mauerbiene Megachile parietina
Unterfam. Megachilinae Weibchen

Eine auffallend dickköpfige, große und schwarze Biene, Bauchbürste manchmal rotbraun. Länge 16 bis 20 mm. Flugzeit April-Juni. Nördlich der Alpen selten und auf die wärmsten Standorte beschränkt, im Süden nicht selten, wo Felsen in der Nähe sind. Meist sieht man die Bienen zu mehreren geschäftig an Fahrrinnen, wo sie Erde zu einem Klumpen formen, den sie dann zwischen Kopf und Vorderbeinen einklemmen und auf dem Luftweg zu ihrem Nest bringen. Die Art wird vor allem in der älteren Literatur auch als Chalicodoma muraria bezeichnet.

Mauerbiene Männchen
Bräunlich behaart und mit rauchbraunen Flügeln, mit 10 bis 15 mm deutlich kleiner als die Weibchen. Hauptflugzeit Juni.
Man findet die Männchen an ehesten, wenn man von März bis Mai die vorjährigen Nester öffnet, in denen dann schon die fertig entwickelten Männchen ruhen. Dabei wird man auch auf Parasiten wie Kuckucksbienen und Erzwespen stoßen, die sich teils während der Bauarbeiten eingeschlichen haben, teils auch das fertige Bauwerk trotz seiner Härte mit dem Legestachel durchdringen konnten.

Mauerbiene Nest

Die Nester der Mauerbiene findet man an Felsen in sonnigen Lagen, meist in lockeren Kolonien, an denen in Frühsommer eifrig gearbeitet wird. Das fertige Nest sieht aus wie ein Lehmklumpen und ist so hart, daß man es nur mit Werkzeugen öffnen kann. Dann erst erkennt man auch den Unterschied zum Lehmnest des Spinnentöters: Dieser baut eine senkrechte Reihe von querliegenden Zellen. Die Zellen der Mauerbiene liegen schräg und sind zu einer Wabe übereinandergetürmt. Bauzeit etwa 6 Wochen. Oft werden die Nester über Jahre hin von vielen Generationen benützt und zu kiloschweren Steinburgen ausgebaut.

Dioxys tridentata
Unterfamilie Megachilinae

Nur eine Art in Mitteleuropa, die leicht daran kenntlich ist, daß die Brust hinten in einem stumpfen Höcker endet. Länge 9 - 10 mm. Eine Schmarotzerbiene bei der Mauerbiene und bei Megachile argentata. Man findet die seltene Biene am ehesten, wenn man im zeitigen Frühjahr die Nester von Mauerbienen öffnet. Ihre eigentliche Heimat ist das Mittelmeergebiet.

Wollbiene Anthidium manicatum
Unterfamilie Megachilinae

Beine gelb bis auf die rostroten Oberschenkel, Gesichtsschild unten fein gezahnt. 11 bis 12 mm. In Mitteleuropa die häufigste Art der Gattung. Die Bienen sammeln vor allem an Lippenblütlern wie Schwarznessel (Ballota). Flugzeit im Früh- und Hochsommer.
Manicatum brütet in Löchern aller Art. Sie kratzt Pflanzenwolle von Stengeln und fertigt daraus Zellen, die sie mit dem Larvenfutter füllt.

Anthidium cimbiciforme
Unterfamilie Megachilinae

Die prachtvolle und durch ihre Größe von über 15 mm fast hornissenartig wirkende Wollbiene ist im Mittelmeeraum heimisch und geht nordwärts bis Ungarn. Ihr Flug ist reißend und ruckartig, oft schwebt sie nach Schwebfliegenart mit lautem Summen vor einer Blüte oder vor dem Nest.
Als Wollbiene schabt das Weibchen Haare von wolligen Pflanzenstengeln, formt daraus Ballen und trägt sie zwischen den Vorderbeinen zum Nest, wo sie die Brutzellen daraus formt.

Harzbiene Anthidium strigatum
Unterfamilie Megachilinae

Der Hinterleib wird etwas eingerollt getragen, so daß man die Länge schlecht angeben kann. Er ist fast unbehaart und gelb gezeichnet. Die Bienen sammeln fast nur an Lippenblütlern. Sie fertigen aus dem Harz von Nadelbäumen kleine, in eine Spitze auslaufende Urnen, die sie mit Nektar und Honig (Binenenbrot) füllen. Man findet die zierlichen Nester viel häufiger als die Bienen, und zwar in kleinen Gruppen angeheftet an Steinen, seltener auch an Baumstämmen, meist in etwas verborgenen Winkeln.

Kegelbiene Coelioxys elongata
Unterfamilie Megachilinae

Gattungstypisch ist der kegelförmig zugespitze Hinterleib, bis zur Art führt die Ausdehnung der weißen Haarbinden auf dem Hinterleib und die Körnung (Skulptur) des Körpers. Die Kegelbienen schmarotzen bei anderen Bienen, elongata speziell bei Blattschneiderbienen, mit denen sie auch zeitgleich im Hochsommer fliegt. Da schon die Wirte keine häufigen Bienen sind, muß der Parasit selten sein und ist es auch.
Die Kegelbienen verbeißen sich zum Übernachten an einem Stengel und verbringen die Nacht nur mit den Mandibeln befestigt.

Langhornbiene Eucera longicornis
Männchen
Unterfamilie Anthophorinae

Fühler dick und etwa körperlang, Gesichtsschild gelb behaart. Körperlänge 14 bis 16 mm. In Mitteleuropa die häufigste der etwa 20 Eucera-Arten, nordwärts bis Skandinavien.
Flugzeit April und Mai, meist auf blumenreichen Magerrasen. Die Euceramännchen sind bekannt als Bestäuber von Orchideen der Gattung Ophris. Diese Orchideen ahmen in Größe, Behaarung und ungefährer Gestalt und vor allem im Geruch Eucera-Weibchen nach, und die Männchen übertragen bei ihren vergeblichen Paarungsversuchen den Blütenstaub.

Langhornbiene Eucera longicornis
Weibchen

Plump, mit breitem und flachem, durch helle Filzbinden gestreift wirkendem Hinterleib. Das erste Hinterleibssegment ist gelblich, das 4. trägt eine helle Binde und ist in der Mitte dunkel behaart. Länge 14 bis 16 mm.
Die Eucera-Arten sind Beinsammler, die ihre Nester im Boden anlegen. Mehrere Zellen befinden sich am Ende eines Schachtes. Der Pollen wird vor allem auf Schmetterlingsblütlern und Boraginaceen gesammelt.

Antophora acervorum Männchen
Unterfamilie Anthophorinae

Die Bienen der Gattung Antophora wirken durch Gestalt und Pelz hummelähnlich. Ihr Flug ist aber völlig anders, rasch, ruckartig, und oft stehen sie mit hellem Summen saugend vor Blüten oder vor dem Nest, das meist in Erdlöchern angelegt wird.
Die Männchen sind an den lang befransten Mitteltarsen kenntlich. Artbestimmung über die Gesichtszeichnung und die Verteilung und Länge der Fransen an den Mittelbeinen.
Bei einer Bedrohung richten sie nach Art von Hummeln die Mittelbeine in die Höhe. Acervorum ist in Mitteleuropa die häufigste Art. Sie fliegt ab März, vor allem an Taubnesseln, und wird 14 bis 15 mm lang.

Trauerbiene Melecta ramosa
Unterfamilie Anthophorinae

Die Trauerbienen sind schwarze, prachtvoll mit weißen Haarbüscheln gezeichnete Bienen meist südlicher Herkunft. Nur wenige Arten kommen auch in Mitteleuropa vor. Ramosa ist südosteuropäisch-mediterran und findet sich bis ins Burgenland. Sie ist an ihrem schildförmigen Schildchen hinten auf der Brust zu erkennen. Die Trauerbienen schmarotzen bei Antophoraarten.
Ramosa fliegt im Juni und Juli und besucht mit Vorliebe Natterkopf und andere Boraginaceen.

Holzbiene Xylocopa violacea
Unterfamilie Anthophorinae

Nördlich der Alpen die einzige Holzbiene und hier auf die wärmsten Lagen beschränkt, etwa soweit der Wein gedeiht. In Südeuropa, wo einige ähnliche Arten fliegen, tragen die Antennen ein Artmerkmal: Das 3. Antennenglied von innen ist knapp so lang wie das 4. und 5. zusammen. Körperlänge 18 bis 25 mm.
Männchen und Weibchen überwintern, und das Weibchen nagt im Frühjahr eine etwa fingerdicke und bis 30 cm lange Brutröhre in trockenes, meist etwas morsches Holz, die sich nach waagerechtem Beginn nach unten wendet. Die Röhre wird etwa 25 mm hoch mit Blütenstaub und Honig gefüllt, mit einem Ei belegt und durch einen Deckel aus mit Speichel verleimtem Holz verschlossen. Darüber liegt Zelle auf Zelle. Die Maden sind nach rund 3 Wochen erwachsen, verpuppen sich ohne Gespinst und beenden im Juni ihre Entwicklung. Die untersten Bienen, die zuerst geschlüpft sind, müssen aber warten, bis ihre jüngeren Geschwister das Nest durch den von der Mutter genagten Eingang verlassen haben.

Nachtbiene Xylocopa olivieri
Unterfamilie Anthophorinae

Unverwechselbar durch den rotbraunen Pelz und die Lebensweise. 15 bis 20 mm. Im südlichen und östlichen Mittelmeerraum. Die Nachtbiene fliegt im Mai und Juni in der letzten Abenddämmerung um stark duftende Blüten, vor allem um wilde Rosen. In dieser stillen Zeit fällt sie durch ihr lautes Brummen auf. Nach milden Nächten fliegt sie auch wieder in der ersten Morgendämmerung im Wettbewerb mit den letzten Nachtfaltern.

Honigbiene Apis mellifera
Unterfam. Echte Bienen, Apinae

Wer sich für Wildbienen interessiert, muß früh lernen, die Honigbienen zu übersehen, denn diese sind fast überall in einer riesigen Überzahl. Der Hinterleib der Honigbiene ist im Querschnitt oben gerundet und unten angedeutet keilförmig. Körperlänge um 12 mm, in der Färbung (und übrigens auch in der Stechlust) viele rassisch bedingte Unterschiede.

Honigbienen erkennt man bald schon an der Bewegung, sie sind zwar rührig, aber doch langsam und plump. Wenn man die Wildbienen mit ihren raschen Bewegungen und ihrer oft angespannten Haltung mit Rennpferden vergleicht, so ist mellifera der Ackergaul unter den Bienen.

Honigbiene Männchen

Die männlichen Honigbienen (Drohnen) sind etwas größer und vor allem dicker als die Arbeiterinnen, und sie haben auffallend große, an der Stirn zusammenstoßende Augen.
In einem Bienenvolk werden im Frühjahr einige hundert Drohnen aus eigens dafür abgelegten, unbefruchteten Eiern herangezogen, im Mai und Juni streifen sie auf der Suche nach jungen Königinnen draußen umher, aber sie bedürfen der Fütterung und kehren immer wieder in den Bienenstock zurück. Im Hochsommer werden sie von den Arbeiterinnen nicht mehr eingelassen, sondern mit Kiefern und Stachel bearbeitet und aus dem Stock geworfen. Sie überleben diese "Drohnenschlacht" nur wenige Tage.

Steinhummel Bombus lapidarius
Unterfam. Echte Bienen, Apinae

Samtartig schwarz behaart, nur das Hinterleibsende rostrot. Arbeiterinnen meist 12 bis 18 mm, Königinnen 24 bis 26 mm. Überall häufig. Ab April fliegen die überwinterten Königinnen, im Mai kommen die ersten Arbeiterinnen dazu, und von Juli bis Oktober trifft man die Männchen, die 12 bis 14 mm lang sind und durch ihre langen Antennen auffallen. Sie tragen eine Binde aus gelblichen Haaren auf der Vorderbrust und helle Haare auf dem Kopf.

Steinhummel Nest

Das Nest der Steinhummel findet sich in Steinhaufen, unter Brettern und ähnlichen Orten. Es ist aus Wachs mit einer Beimengung von Blütenstaub und etwas Honig gefertigt. Außen erkennt man die Umhüllung. Im Nest fallen vor allem die hellgelben Seidenkokons auf, in denen sich die Hummellarven verpuppen. Von den Larven ist nichts zu sehen. Sie werden in braune Wachshüllen eingeschlossen, die von den Arbeiterinnen zur Fütterung aufgebissen werden. An Rande erkennt man noch ein paar gefüllte Honigtöpfe, Vorrat für naßkalte Tage.

Feldhummel Bombus pascuorum
Unterfam. Echte Bienen, Apinae

Scheitel und Brust rostgelb bis rostrot behaart, zuweilen mit eingestreuten schwarzen Haaren, Hinterleib graugelb behaart. Das hinterste Bauchsegment mit deutlichem Längskiel. Hinterleibsende rostrot, davor oft eine schwärzliche Binde. Länge bis 20 mm.
Eine der häufigsten Hummeln. Das Nest wird oberirdisch angelegt, etwa unter welkem Gras, aber auch in Vogelnistkästen.
Die Art wird in der älteren Literatur meist als Bombus agrorum bezeichnet.

Erdhummel Bombus terrestris
Unterfam. Echte Bienen, Apinae

Mit einer Länge von 28 mm die größte mitteleuropäische Hummel und durch die schwarz-weiß-gelbe Haartracht unverwechselbar, wenn sich auch darunter nach Meinung mancher Experten 4 verschiedene Arten verbergen, für die es allerdings noch keine zuverlässigen Erkennungsmerkmale gibt. Sehr häufig.
Ab Ende März fliegen die ersten Königinnen und suchen ihre unterirdischen Nistplätze, meist in verlassenen Mäusenestern, zuweilen am Ende von meterlangen Erdröhren und manchmal 1 und sogar bis 1,5 Meter unter dem Erdboden. Die Nester können bis 500 Bewohner zählen.
Terrestris ist recht kurzrüsselig, die Sammlerinnen pflegen aber tiefe Blütenkelche am Fuß aufzubeißen und den Nektar zu rauben. Sie sammeln mit Vorliebe auf Disteln. Ab Ende Juli fliegen die ersten Männchen.

Schmarotzerhummel Psithyrus campestris
Unterfam. Echte Bienen, Apinae

Die zahlreichen Arten der Schmarotzerhummeln sind schon im Felde an dem nach innen gekrümmten Hinterleib zu erkennen. Die Lupe zeigt am letzten Beinpaar keinen Sammelapparat. Bei campestris ist der Metatarsus der Hinterbeine deutlich schmaler als die Tibie (Unterschenkel). Die Ausdehnung der gelben Behaarung ist sehr variabel. Länge 10 bis 16 mm. Campestris ist in Mitteleuropa die weitaus häufigste Schmarotzerhummel. Die Weibchen dringen in das Nest einer anderen Hummel (vor allem bei Acker- und Mooshummel) ein, töten oder degradieren die dortige Königin und lassen ihre Brut, aus der sich nur Geschlechtstiere entwickeln, von den Arbeiterinnen aufziehen. Die Gattung enthält in Deutschland 10 Arten, die teilweise nur bei einer Wirtsart schmarotzen.

Myrmica rubida
Familie Ameisen, Formicidae

Die größte heimische Knotenameise mit Arbeiterinnen von 5 bis 9 mm Länge. Von den anderen Myrmica-Arten leicht zu unterscheiden, weil statt der langen Dornen am Hinterende der Brust nur ganz kurze Dörnchen vorhanden sind. In Südeuropa häufig, auch noch in den Alpen, weiter nördlich sehr zertstreut.
Die Nester finden sich meist unter Steinen und sind nicht so volkreich wie die von laevinodis. Die Arbeiterinnen sind wenig stechlustig, aber ihr Stich ist schmerzhaft wie ein Wespenstich. Die jungen Königinnnen schwärmen in den Sommermonaten.

Rotgelbe Knotenameise
Myrmica laevinodis
Familie Ameisen, Myrmicidae

Die häufigste Knotenameise. Artbestimmung über den Umriß der beiden Knoten zwischen Brust und Hinterleib in der Seitenansicht, wobei vor allem zwei nach hinten weisende Stacheln auffallen. Arbeiterinnen 4 bis 5 mm lang, selten auch bis 7 mm. Die Ameisen können empfindlich stechen. Die Nester finden sich meist unterirdisch, etwa unter einem Stein, oder es sind Kuppeln aus Erdkrümeln. Sehr häufig findet man die Ameisen bei der Betreuung von Blattlauskolonien. In den Nestern findet man zuweilen Ameisengäste wie Käfer und Bläulingsraupen (Maculinea arion), die in den Nestern auch ihre Verwandlung beenden.

Italienische Hausameise
Pheidole pallidula
Familie Ameisen, Myrmicidae

Zwischen den etwa 2 mm langen Arbeiterinnen einzelne etwa 4 mm lange Soldaten. Mediterran, häufing am Südrand der Alpen. Man findet die Nester unter Steinen in sandigem Boden und in Mauerritzen. Obwohl zu den Knotenameisen gehörend, hat Pheidole keinen Giftstachel. Die Ameisen legen Vorräte aus Samen an. Bei den Hausfrauen sind sie verhaßt, weil ihre Kundschafter Duftspuren zu Lebensmitteln legen, etwa zu verstreutem Zucker, auf denen dann in wenigen Minuten ganze Heerscharen anrücken, um die Nahrung ins Nest zu schleppen.

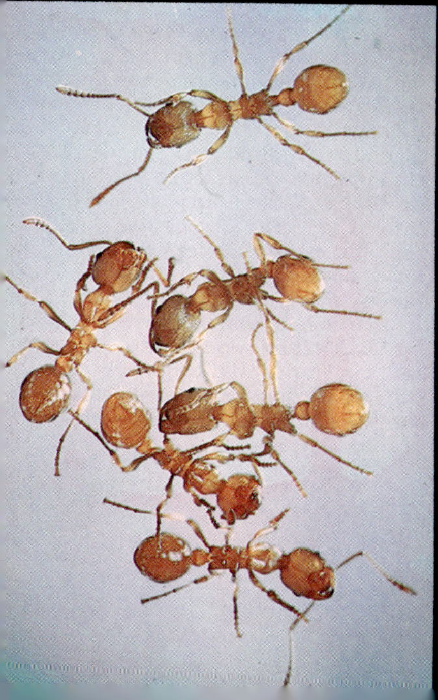

Pheidole pallidula Soldat

Größenunterschiede bei den Ameisenarbeiterinnen sind sehr ausgeprägt. Dabei ändern sich auch die Proportionen: Je größer, desto gedrungener ist der Körper und desto dicker der Kopf. Die größten, dickköpfigsten Arbeiterinnen werden Soldaten genannt. Bei Pheidole sind sie besonders ausgeprägt, ähnlich auch bei Messor, beides samenfressende Arten, bei denen die Soldaten sich nicht durch besondere Kampfkraft hervortun, sondern durch besondere Kraft in ihren Mandibeln beim Zerbeißen der harten Nahrung.
Bei den tropischen Wanderameisen ist das anders: Da bilden die Soldaten einen wehrhaften Schutzwall um das wandernde Volk, und ihre Bisse sind allgemein gefürchtet.

Gelbe Wiesenameise Lasius flavus
Familie Ameisen, Formicidae

Durch Kleinheit (Arbeiterinnen von 2,5 bis 4 mm) und die honiggelbe Farbe leicht zu erkennen, sehr häufig. Die Gelbe Wiesenameise lebt fast ausschließlich unterirdisch, sie errichtet vor allem in feuchten Lagen auch Kuppelbauten, die immer von Gras durchwachsen sind. Ein Volk kann Zehntausende von Mitgliedern umfassen, und die Arbeiterinnen können mehrere Jahre alt werden. Hauptnahrung Blattlaushonig von Wurzelläusen. Die Wintereier der Blattläuse werden behütet, und die Blattläuse werden herumgetragen und an ergiebige Saftquellen angesetzt. Im Sommer schwärmen die braunen, bis 9 mm langen jungen Königinnen.

Schwarzgraue Wegameise Lasius niger
Familie Ameisen, Formicidae

Im Bereich von Siedlungen die weitaus häufigste Ameise, Bestimmung am sichersten über die Form der Kiefertaster. Arbeiterinnen 3 bis 5 mm.
Nester teils unterirdisch, etwa unter Steinplatten auf Fußwegen, wo um die Ausgänge ein Ring von Aushub abgelegt wird, aber auch in Hügelnestern, unter lockerer Baumrinde, in morschem Holz und dergleichen mehr. Die Erdhügel können 1 Meter hoch werden, sind aber immer von Gras durchwachsen. Von den Nestern gehen Ameisenstraßen zu Blattlauskolonien, die gelegentlich mit Erdkrümeln überbaut werden, so daß man von Blattlausställen sprechen kann. Zuweilen wird Lasius niger auch als Hausameise lästig.

Schwarzgraue Wegameise Lasius niger, junge Königinnen

Lasius niger schwärmt von Mai bis Juli an sonnigen Nachmittagen. Zunächst steigen aus einigen Nestern junge geflügelte Männchen auf und erfüllen die Luft mit Lockdüften, die die jungen Königinnen zum Ausfliegen animieren. Sie strömen dann in unermeßlicher Zahl aus ihren Erdbauten, ersteigen Halme und starten von dort zum Hochzeitsflug. An manchen Tagen sind selbst die Großstädte erfüllt von ihren Schwärmen. Nach der Begattung werfen sie die Flügel ab und laufen noch einige Zeit am Boden herum, ehe sie sich zur Nestgründung im Boden vergraben.

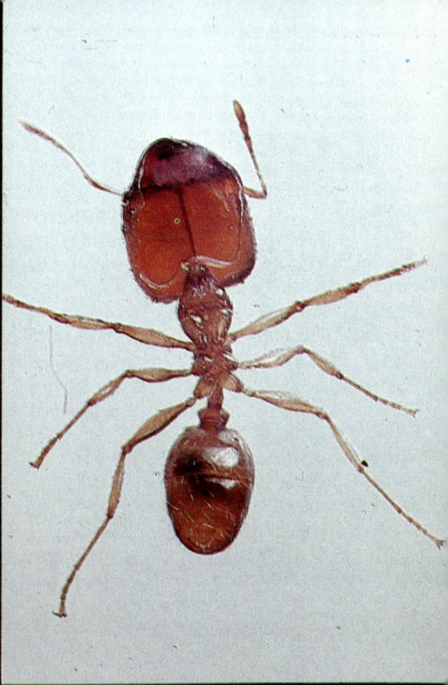

Schwarze Holzameise Lasius fuliginosus
Familie Ameisen, Formicidae

Dickköpfige, wie poliert wirkende schwarze Ameisen von 5 mm Länge, die einen starken Essiggeruch verströmen. Oft in dichtem Verkehr auf Ameisenstraßen, die meist an einem Stamm aufwärts zu einer Blattlauskolonie führen. Das Nest findet sich in einem hohlen Baum, wo es als Kuppelbau aus einer kartonähnlichen Masse in den freien Raum ragt. Dieser "Ameisenkarton" wird aus zerkautem, mit Honigtau angeteigtem Holz gefertigt.
Zur Nestgründung dringt eine junge Königin in das Nest einer anderen Art ein, tötet die ansässige Königin und läßt ihre Larven von den fremden Arbeiterinnen aufziehen: die sogenannte unselbständige Staatsgründung.

Rote Waldameise Formica rufa
Familie Ameisen, Formicidae

Düsterrot, Hinterkopf und Stirn schwarz bis dunkelbraun. Arbeiterinnen 4 bis 9 mm. Viele Rassen werden unterschieden und teilweise auch als selbständige Arten betrachtet.
Allesfresser, die Blattlaushonig eintragen - etwa 1 mg pro Ameise-, Insekten erbeuten und tote Wirbeltiere bis auf die Knochen abnagen. Zur Verteidigung spritzen die Ameisen ihr Gift, etwa 60 %ige Ameisensäure, gegen den Angreifer, wobei sie sich senkrecht hochrecken und den Hinterleib gegen den Feind richten. Im Nahkampf verbeißen sie sich im Gegner und spritzen ihre Säure in die Bißwunde.
Die Königin kann bis zu 20 Jahre alt werden. Die jungen Königinnen verlassen einzeln im Verlauf des Sommers das elterliche Nest, können aber nur dann ein Volk gründen, wenn sie von anderen Ameisen in deren Nest aufgenommen werden.

Crematogaster scutellaris
Familie Ameisen, Formicidae

Unverwechselbar durch den herzförmigen Hinterleib und die Zweifarbigkeit, Arbeiterinnen 3,5 bis 5,5 mm, sehr häufig im gesamten Mittelmeerraum.
Nester meist in morschen Bäumen und unter lockerer Rinde. Die Ameisen laufen mit erhobenem Hinterleib umher und besuchen Blattläuse, überwältigen aber auch andere Insekten. Bei einer Bedrohung zeigen sie ihren Giftstachel, an dessen Ende sie ein Gifttröpfchen auspressen.
Im Süden werden sie zuweilen in Häusern lästig und legen sogar ihre Nester in den Balken an.

Cataglyphis bicolor
Familie Ameisen, Formicidae

Cataglyphis spielt in den trockenheißen Steppenbiotopen im Mittelmeerraum etwa die Rolle unserer Roten Waldameisen. Die Arbeiterinnen rennen hochbeinig und mit senkrecht aufgestelltem Hinterleib auch in der größten Hitze herum, wenn anderen Tieren längst der Boden unter den Füßen zu heiß geworden ist. Sie sind eine Geißel für alle Kleintiere, die sich nicht verteidigen oder rechtzeitig flüchten können. Die Nester finden sich unterirdisch, oft in einem morschen Baumstubben oder unter einem Stein.

Camponotus herculeanus
Familie Ameisen, Formicidae

Sehr ähnlich ligniperda, aber der weniger glänzende Hinterleib ist einfarbig schwarz, allenfalls mit einem kleinen dunkelbraunen Feck an der Wurzel des Stielchens. Mit 6 bis 12 mm etwas kleiner als ligniperda, von der die Art auch durch einen anderen Lebensraum und andere Schwärmzeiten getrennt ist. Herculeanus ist mehr im Flach- und Hügelland unter 1000 Meter verbreitet und nistet unter Steinen und in morschem Holz, während ligniperda in gesundem, stehendem Holz nistet.
Herculeanus erträgt besser die Kälte und geht daher im Gebirge höher und weiter nach Norden als die Zwillingsart. In der Lebensweise bestehen zwischen beiden kaum Unterschiede.

Formica fusca
Familie Ameisen, Formicidae

Grundfärbung schwarz, aber der ganze Körper sehr fein weißlichgrau behaart und daher mit seidigem Schimmer. Arbeiterinnen mit 3,5 bis 6,5 mm erheblich größer als die der etwas ähnlichen Lasius niger.
Überall häufig. Die Nester finden sich meist unter Steinen, in morschem Holz, seltener auch Kuppelbauten aus Erde, und enthalten meist einige hundert bis über 1000 Arbeiterinnen und oft mehrere Königinnen. In den Nestern kann man Puppen mit und ohne Kokonhülle finden. Der deutsche Name kommt daher, daß fusca-Arbeiterinnen oft die Larven fremder Königinnen, etwa der Roten Waldameise aufziehen, und daß ihre Puppen und Larven oft von Amazonenameisen geraubt werden. Man findet dann Nester, in denen beide Arten zusammenleben.

Camponotus ligniperda

Oft als Rasse von herculeanus aufgefaßt, aber leicht zu unterscheiden an der mehr oder weniger ausgedehnten Rotbraunfärbung des sonst schwarzen, glänzenden Hinterleibs. Arbeiterinnen 6 bis 14 mm, damit die größte heimische Ameise. Die kleineren Arbeiterinnen trifft man gewöhnlich nur im Nest bei der Brutpflege, die größeren schaffen die Nahrung, meist Blattlaushonig und Pflanzenteile, herbei und verteidigen das Nest, wobei sie oft mit dem Hinterleib an die Nestwände klopfen, so daß ein eigenartiges Geräusch entsteht.
Fast zu allen Jahreszeiten findet man in den Nestern geflügelte Geschlechtstiere, die dann an einem schönen Hochsommertag ausschwärmen und in die Luft steigen. Beim Durchsuchen von morschem Holz findet man nicht selten die Gründungskammern der jungen Königinnen, die hier einige Eier abgelegt haben und die Larven zu jungen Arbeiterinnen heranziehen.

Ernteameise Messor barbarus
Familie Ameisen, Formicidae

Dickköpfige, glänzend schwarze bis dunkelbraune Ameisen mit enormen Größenunterschieden: von 4 mm langen Arbeiterinnen 3 zu 11 mm langen "Soldaten", die sich allerdings nicht so sehr beim Kampf hervortun als vielmehr beim Zerbeißen harter Samen.
Sehr häufig in Steppenbiotopen im Mittelmeerraum, nördlich der Alpen nur im Oberrheingraben nachgewiesen. Aus den volkreichen unterirdischen Nestern strömen auf belebten Straßen die Arbeiterinnen und schleppen die verschiedensten Dinge, vor allem aber Sämereien nestwärts.

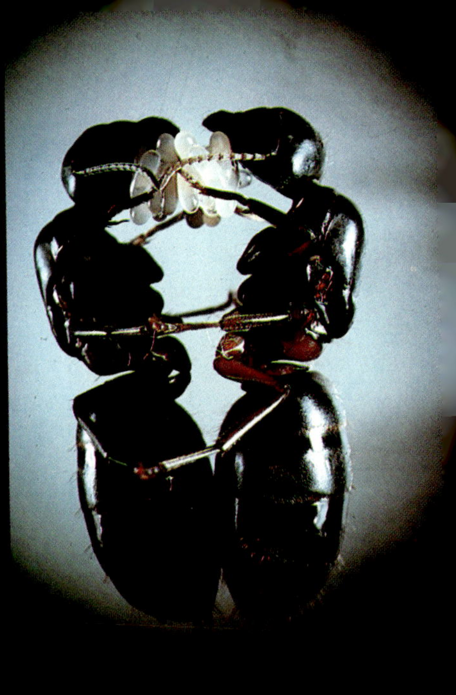

Gemeine Wespe 78

Wie heißt dieses Tier, wie heißt diese Pflanze?

Diese erste aller Fragen des Naturfreundes ist am leichtesten zu beantworten, wenn man ein erstklassiges Foto zum Vergleich heranziehen kann und einen Begleittext, in dem die Bestimmungsmarkmale betont sind. Die neuen Naturführer aus dem **Fauna-Verlag** enthalten in unvergleichlicher Vollständigkeit Fotos, die speziell für den Bestimmungszweck aufgenommen wurden, die aber darüber hinaus auch durch ihre Klarheit beeindrucken. Der ausfühliche Text zu jedem Foto weist auf Bestimmungsmerkmale hin und stellt das Wann und Wo und zahlreiche Angaben zur Lebensweise der besprochenen Arten vor.

Aufgebaut nach diesem Erfolgsrezept ist die Reihe **Sauers Naturführer** in kurzer Zeit zu einem umfangreichen Lexikon der Tierbestimmung speziell für die Fauna Europas herangewachsen und wird weiter ausgebaut. Bisher sind erschienen:

Heimische Nachtfalter
323 Seiten, 576 Farbfotos, DM 36.-
565 Arten europäischer Nachtfalter werden in ihrer natürlichen Haltung und Umwelt meist mehrfach vergrößert abgebildet und entwerfen in ihrer Fülle ein Bild von der Mannigfaltigkeit in der Natur. Der Text enthält Hinweise auf Erkennungsmerkmale, Flug- und Raupenzeit, Überwinterungsform, Raupenfutter und Lebensweise. Die schwierige Artbestimmung der Nachtfalter wird mit diesem Buch bedeutend erleichtert.

Raupe und Schmetterling
2. überarbeitete und erweiterte Auflage, 340 Seiten, 624 Farbfotos, DM 36.-
Die Raupen von 352 heimischen Schmetterlingen werden nach den Leben vergrößert abgebildet und beschrieben, von den meisten darüber hinaus der zugehörige Schmetterling. Der Text enthält Hinweise zur Lebensweise und zur Raupenzucht und bei schwierigen Arten die Bestimmungsmerkmale. Mit diesem ersten und umfassenden Bildband über die Raupen wird es möglich,, die meisten aufgefundenen Raupen zu bestimmen und bis zum Schmetterling zu züchten.

Die schönsten Spinnen Europas

2. überarbeitete und erweiterte Auflage, 196 Seiten, 360 Farbfotos, DM 24.-
Weit über 300 Spinnentiere, ausgewählt nach ihrer Häufigleit und Auffälligkeit, sind stark vergrößert abgebildet und nach dem Foto bestimmbar. Im Text werden die Bestimmungsmerkmale erwähnt und die Lebensweise beschrieben. Bestimmungstabellen regen an zu intensiverer Beschäftigung mit dieser faszinierenden Tiergruppe.

Tiere und Pflanzen im Wassertropfen
80 Seiten, 208 Farbfotos, DM 18.-
In diesem Naturführer werden Algen, einzellige Tiere, Kleinkrebse, Rädertiere und andere Mikroorganismen des Wassertropfens im Farbfoto vorgestellt, wie man sie unter dem Mikroskop erkennt. Der Text weist auf Bestimmungsmerkmale, Lebensraum und Erscheinungszeit hin. Dieser Band ist außerdem ein Bildband von hohem ästhetischem Reiz und eine Anleitung zum Mikroskopieren lebender Organismen.

Afrikanische Vögel
221 Seiten, 400 Farbfotos, DM 28.-
Hier werden die Vögel, die man gewöhnlich auf Safari von Nord- bis Südafrika beobachten kann, in Fotos vorgestellt, wie man sie auf Reisen vor die Kamera bekommt. Die Bilder vermitteln zugleich einen Eindruck von der noch immer unvergleichlichen afrikanischen Natur. Verbreitungskarten runden die ausführliche Information zu den Arten ab.

Bienen und Verwandte
Etwa 110 Seiten und 250 Farbfotos, DM 26.-
Thema dieses Naturführers sind Bienen, Wespen und Ameisen Europas, von denen viele bei ihrer oft raffinierten Brutpflege abgebildet sind. Auch den Larven ist ein Kapitel gewidmet. Zahreiche Arten werden nun zum ersten mal ohne Verwendung von wissenschaftlicher Fachliteratur bis zur Art bestimmbar.

Als Ergänzung zu dem Bestimmungsbüchern gedacht ist

Naturfotografie mit allen Finessen
129 Seiten, 24 Farbfotos, DM 18.-
Dies Buch ist eine Sammlung von Ideen und Tips für bessere Naturfotos. Die meisten Techniken wurden bisher noch nirgends veröffentlicht, eine Fundgrube also für alle, die den neuesten Stand der naturfotografischen Technik kennen wollen.

Fauna-Verlag
Eichenweg 8
8047 Karlsfeld

Probetext aus "Afrikanische Vögel"

Purpurspint
Black Bee Eater, Merops gularis

Länge 19 cm. Unverwechselbar. Lokal verbreitet an lichten Stellen im Regenwald, vorzugsweise an sumpfigen Orten. Die Vögel jagen mehr nach Fliegenschnäpperart auf vorbeifliegende Insekten, vor allem Libellen. Sie beginnen schon in der Trockenzeit mit dem Bau der Brutröhre in einer Lehmwand, brüten aber erst ab dem Beginn der Regenzeit.

Blaßspint
Somali Bee-eater, Merops revoilii

Mit 16,5 cm Länge nur wenig größer als der Zwergspint. Im Flug fällt der silbrig graublaue Bürzel auf. Häufig in den Halbwüsten von Somalia bis Ostäthiopien und in Nordkenia, nach Süden zu seltener werdend bis in den Tsavopark verbreitet. Die Vögel finden sich bei zerfallenden Kadavern ein, um die dort häufigen Fliegen zu erbeuten.
Foto Pelchen.